上海市工程建设规范

建筑信息模型技术应用标准
（人防工程）

Standard for building information model application

(civil air defence engineering)

DG/TJ 08—2206—2024

J 13472—2024

主编单位：上海市地下空间设计研究总院有限公司
　　　　　上海城建信息科技有限公司
批准部门：上海市住房和城乡建设管理委员会
施行日期：2024 年 12 月 1 日

U0363673

同济大学出版社

2024　上海

图书在版编目（CIP）数据

建筑信息模型技术应用标准：人防工程／上海市地下空间设计研究总院有限公司，上海城建信息科技有限公司主编. --上海：同济大学出版社，2025.2. -- ISBN 978-7-5765-1512-1

Ⅰ. TU927-65

中国国家版本馆 CIP 数据核字第 2025PS8520 号

建筑信息模型技术应用标准（人防工程）

上海市地下空间设计研究总院有限公司
上海城建信息科技有限公司　　　主编

责任编辑　朱　勇
责任校对　徐逢乔
封面设计　陈益平

出版发行　同济大学出版社　　www.tongjipress.com.cn
　　　　　（地址：上海市四平路1239号　邮编：200092　电话：021-65985622）
经　　销　全国各地新华书店
印　　刷　常熟市华顺印刷有限公司
开　　本　889mm×1194mm　1/32
印　　张　3.625
字　　数　91 000
版　　次　2025 年 2 月第 1 版
印　　次　2025 年 2 月第 1 次印刷
书　　号　ISBN 978-7-5765-1512-1
定　　价　40.00 元

上海市住房和城乡建设管理委员会文件

沪建标定〔2024〕288 号

上海市住房和城乡建设管理委员会关于批准《建筑信息模型技术应用标准（人防工程）》为上海市工程建设规范的通知

各有关单位：

由上海市地下空间设计研究总院有限公司和上海城建信息科技有限公司主编的《建筑信息模型技术应用标准（人防工程）》，经我委审核，现批准为上海市工程建设规范，统一编号为 DG/TJ 08—2206—2024，自 2024 年 12 月 1 日起实施。原《人防工程设计信息模型交付标准》（DG/TJ 08—2206—2016）同时废止。

本标准由上海市住房和城乡建设管理委员会负责管理，上海市地下空间设计研究总院有限公司负责解释。

特此通知。

上海市住房和城乡建设管理委员会
2024 年 6 月 11 日

前　言

根据上海市住房和城乡建设管理委员会《关于印发〈2022 年上海市工程建设规范、建筑标准设计编制计划〉的通知》(沪建标定〔2021〕829 号)要求,由上海市地下空间设计研究总院有限公司、上海城建信息科技有限公司会同相关单位开展标准修订工作。标准编制组经过反复讨论,并在广泛征求意见的基础上,修订了本标准。

本标准的主要内容有:总则;术语;基本规定;BIM 数据;实施策划;协同工作;模型创建;设计阶段应用;施工阶段应用;运维阶段应用;平战功能转换实施阶段应用。

本次标准修订的主要内容是:

1. 以人防工程建筑信息模型项目全生命期应用为目标,对标准框架进行了调整,具体规范人防工程各阶段建筑信息模型的应用要求。

2. 对标准内容进行了更新,以现行上海市工程建设规范《建筑信息模型技术应用统一标准》DG/TJ 08—2201 为基础框架,围绕"数据是核心、协同是关键、模型是载体、应用是目标"的编制原则,对人防工程建筑信息模型技术的 BIM 数据与应用进行了更全面地梳理与规范。

各单位及相关人员在执行本标准过程中,如有意见和建议,请反馈至上海市国防动员办公室(地址:上海市复兴中路 593 号;邮编:200020;E-mail:mfkys@126.com),上海市地下空间设计研究总院有限公司(地址:上海市西藏南路 1170 号;邮编:200011),上海市建筑建材业市场管理总站(地址:上海市小木桥路 683 号;邮编:200032;E-mail:shgcbz@163.com),以供今后修订时参考。

主 编 单 位:上海市地下空间设计研究总院有限公司
　　　　　　上海城建信息科技有限公司
参 编 单 位:上海市国防动员办公室
　　　　　　上海市民防监督管理事务中心
　　　　　　华东建筑集团股份有限公司
　　　　　　上海市民防地基勘察院有限公司
　　　　　　上海市建筑科学研究院有限公司
主要起草人:李建光　吴乐翔　邱丽媛　曹　峰　孔祥平
　　　　　　闫　智　陆振涛　熊　喆　赵寒青　胡海斌
　　　　　　段创峰　巴雅吉呼　　　葛怡璇　邵俊昌
　　　　　　沈佳奇　张效晗　阎　迅　周　锋　陈　琦
　　　　　　石　磊　董　事　程雨婷　齐　倩　周哲峰
　　　　　　张智伟　王明龙　邓志辉　徐旻洋　蒋中行
　　　　　　芮烨豪
主要审查人:李磁泉　高承勇　琚　娟　高付申　张　湄
　　　　　　李嘉军　余立峰

上海市建筑建材业市场管理总站

目　次

Contents

1 总 则

1.0.1 为贯彻执行本市建筑信息模型技术应用政策,规范人防工程全生命期内建筑信息模型数据信息、模型创建及应用的基础要求,提高应用效率,制定本标准。

1.0.2 本标准适用于本市新建、改建的核 5 级常 5 级、核 6 级常 6 级人防工程在全生命期内建筑信息模型的技术应用。

1.0.3 人防工程建筑信息模型应用,除应符合本标准外,尚应符合国家、行业和本市现行有关标准的规定。

2 术 语

2.0.1 人防工程 civil air defence engineering

人民防空工程的简称。为防范和减轻空袭危害,保护国家和人民生命财产安全,保障人民防空指挥通信、医疗救护及人员、物资掩蔽等需要而修建的防护工程。

2.0.2 人防工程信息模型 civil air defence engineering BIM

在建设人防工程的全生命期内,对其建筑设备几何信息和属性信息的数字化表达,并依此进行设计、施工、运维及平战功能转换实施各阶段的应用。简称人防 BIM。

2.0.3 人防工程信息模型管理系统 civil air defence engineering BIM data management system

泛指本市人防行业主管部门用于报建、联审、验收等监管环节的人防工程建筑信息模型应用管理及信息数据管理的系统或平台。简称人防 BIM 管理系统。

2.0.4 平时功能 functions in peacetime

和平时期人防工程功能的简称。国家或地区既无战争又无明显战争威胁的时期发挥人防工程社会效益的使用功能。

2.0.5 战时功能 functions in wartime

战争时期人防工程功能的简称。国家或地区自开始转入战争状态直至战争结束的时期发挥人防工程战备效益的使用功能。

2.0.6 平战结合 integration of peacetime and wartime

人防工程中在主体项目建设阶段同时结合建造的构件及设施设备,其既能在战时发挥战备效益,又能在平时产生社会效益。这部分构件及设施设备当战争发生前需要进行平战功能转换,需要在设计、施工阶段都有体现内容。

2.0.7 平战功能转换 function conversion from peacetime to wartime

人防工程平时状态与战时状态相互转换所采取的相关措施，需要在设计、施工阶段都有体现内容。

2.0.8 人防工程信息模型运维管理系统 civil air defence engineering BIM operation and maintenance management system

针对单体项目，用于人防工程运维阶段的人防工程信息模型应用管理系统或平台。个体人防工程信息模型运维管理系统的数据信息应与人防工程信息模型管理系统对接，运维管理系统也可以根据管理要求独立运行。简称人防 BIM 运维管理系统。

2.0.9 人防工程信息模型平战功能转换管理系统 civil air defence engineering BIM peacetime to wartime conversion management system

针对单体项目，用于和平时期进行信息、数据交互、数据管理及可用于模拟操作演练平战功能转换流程，战争时期辅助平战功能转换实施的人防工程信息模型应用管理的系统或平台。个体人防工程信息模型平战功能转换管理系统的数据信息应与人防工程信息模型管理系统对接，平战功能转换管理系统也可以根据管理要求独立运行。简称人防 BIM 平战功能转换管理系统。

3 基本规定

3.0.1 人防 BIM 应以人防工程 BIM 模型为载体、数据为核心，通过协同作业模式，支撑设计、施工、运维、平战功能转换实施全过程应用。

3.0.2 人防 BIM 元素应包含人防工程内部所有构件及外部与人防工程正常使用相关的构件。

3.0.3 人防 BIM 应依据本标准建立通用数据环境，支持各类数据的存储、传输、处理和分析，为人防 BIM 全生命期应用提供基础数据。

3.0.4 人防 BIM 数据宜对接人防 BIM 管理系统，数据存储、报审、应用、管理应符合国家标准和行业主管部门的规定。

3.0.5 人防 BIM 通用数据模式应具有扩展性和兼容性。新型数字信息技术对接人防 BIM，应满足本标准要求。

4 BIM 数据

4.1 一般规定

4.1.1 人防 BIM 数据应满足并支持人防工程全生命期 BIM 应用的要求。

4.1.2 人防 BIM 应建立通用的分类和编码,分类和编码的编制应符合现行国家标准《信息分类和编码的基本原则和方法》GB/T 7027 和《建筑信息模型分类和编码标准》GB/T 51269 的规定,并与现有其他有关标准相协调。

4.1.3 人防 BIM 数据应采用通用数据模式进行管理和使用,并符合现行国家标准《建筑信息模型存储标准》GB/T 51447 的规定。

4.2 分类编码

4.2.1 人防 BIM 应根据模型管理、创建和应用的需求进行分类和编码,并满足项目全生命期中工程对象识别、数据传递共享的要求。

4.2.2 人防 BIM 对象的分类和编码应符合本标准附录 A 的规定。

4.2.3 人防 BIM 几何信息、属性信息应与分类编码建立关联或映射关系,并满足人防 BIM 管理系统统一管理使用要求。

4.3 通用数据模式

4.3.1 人防 BIM 通用数据模式应包括核心层、共享层、专业领域层和资源层 4 个概念层。

4.3.2 新增、扩展的数据对象应以属性集与属性拓展的方式为原则,增加符合人防 BIM 应用所需要的通用及业务信息,满足人防 BIM 数据应用。

4.4 数据交换

4.4.1 人防 BIM 数据交换应覆盖人防工程设计、施工、运维和平战功能转换实施全生命期。

4.4.2 人防 BIM 数据交换内容应包括模型的几何信息和属性信息。

4.4.3 人防 BIM 数据交换方式可分为基于文件的数据交换、基于程序接口的数据交换和基于模型数据库的数据交换。

4.4.4 人防 BIM 数据应能以程序接口的方式推送至人防 BIM 管理系统,并能支持使用预检和转换工具导出".EDM"格式模型文件。

4.4.5 人防 BIM 数据交换具体要求应符合现行上海市工程建设规范《建筑信息模型数据交换标准》DG/TJ 08—2443 的相关规定。

5 实施策划

5.1 一般规定

5.1.1 人防 BIM 实施策划应包含人防 BIM 专项策划和阶段策划。

5.1.2 人防 BIM 的专项策划应统筹人防工程设计、施工、运维和平战功能转换实施各阶段应用需求。

5.1.3 人防 BIM 阶段策划应以人防 BIM 专项策划为基础,指导设计、施工、运维和平战功能转换实施各阶段 BIM 应用,人防工程平时功能和战时功能的 BIM 实施策划应同步进行。

5.1.4 人防 BIM 宜结合实施策划,对 BIM 实施情况进行评价,评价内容宜包含人防 BIM 实施策划、BIM 模型、BIM 应用和协同管理。

5.2 人防 BIM 专项策划

5.2.1 人防 BIM 专项策划应按阶段及使用需求约定主导单位,各参建单位宜根据各阶段实施要求共同参与。

5.2.2 人防 BIM 专项策划宜包含下列内容:

    1 人防 BIM 实施的专项目标。

    2 人防 BIM 实施的范围和内容。

    3 人防 BIM 实施的组织架构、职责分工、管理要求。

    4 人防 BIM 实施的软硬件环境配置。

    5 人防 BIM 实施的建模、应用、交付的分类及编码标准要求。

    6 人防 BIM 实施的信息安全要求。

    7 人防 BIM 实施的进度计划和保障要求。

8 人防 BIM 实施的质量要求。

9 与人防 BIM 管理系统的接口要求。

10 人防 BIM 检查和验收要求。

11 人防 BIM 平战结合和平战功能转换策划。

12 非相关标准规定的自定义内容。

5.2.3 人防 BIM 专项策划宜根据项目实施总体策划及实施情况进行更新和修订,并应及时发布。

5.2.4 人防 BIM 平战结合及平战功能转换应在人防 BIM 专项策划中约定具体内容,并应在各阶段阶段策划中进行深化。

5.3 人防 BIM 阶段策划

5.3.1 人防 BIM 设计、施工、运维、平战功能转换阶段策划宜由各阶段 BIM 实施单位主导编制。

5.3.2 人防 BIM 阶段策划应根据各阶段要求深化落实,宜包含下列内容:

1 各阶段人防 BIM 实施的管理方法、组织架构、岗位职责、界面分工。

2 各阶段人防 BIM 实施的范围和内容。

3 各阶段人防 BIM 实施的平战结合与平战功能转换内容。

4 各阶段人防 BIM 实施的交付成果。

5 各阶段之间人防 BIM 实施衔接方式。

6 各阶段人防 BIM 实施的进度计划及保障措施。

7 各阶段人防 BIM 实施的技术质量管理措施。

8 各阶段人防 BIM 的信息安全保障措施。

9 与人防 BIM 管理系统的对接方案。

10 各阶段非相关标准规定的自定义内容。

5.3.3 人防 BIM 阶段策划宜根据各阶段实施情况进行更新和修订,并应及时发布。

6 协同工作

6.1 一般规定

6.1.1 人防工程 BIM 协同工作应纳入建设工程整体 BIM 协同管理体系和流程中,与项目工程建设各阶段的 BIM 应用相衔接。

6.1.2 BIM 协同工作应由建设单位主导,各参建单位共同参与。

6.1.3 人防 BIM 协同工作宜结合协同平台进行。

6.1.4 人防 BIM 协同工作范围应包含人防工程内部及外部与人防工程正常使用相关构件所影响的空间区域。

6.2 工作流程

6.2.1 人防 BIM 协同工作流程按照实施的层次分为建设阶段、专项应用和具体任务 3 个层级。

6.2.2 人防 BIM 的协同工作应包含平时功能、战时功能和平战功能转换的协同工作。

6.3 协同平台

6.3.1 人防 BIM 协同平台宜基于项目主体 BIM 协同平台建立,通过协同平台可进行人防工程影响范围内的协同工作。

6.3.2 人防 BIM 协同平台应具备项目信息存储、查阅、模型浏览、模型信息处理、模型管理应用、管理流程制定、协同权限设置等基本功能。

6.3.3 人防 BIM 协同平台在平时宜作为项目整体 BIM 协同平台的一部分融合运行,在战时和平战功能转换阶段应独立运行。

7 模型创建

7.1 一般规定

7.1.1 人防 BIM 宜包括人防 BIM 设计模型、人防 BIM 施工模型、人防 BIM 运维模型和人防 BIM 平战功能转换实施模型。其中,人防 BIM 设计模型、人防 BIM 施工模型宜符合下列要求:

  1 人防 BIM 设计模型宜包括人防工程方案设计模型、初步设计模型和施工图设计模型。

  2 人防 BIM 施工模型宜包括人防工程施工深化模型、施工过程模型和竣工模型。

7.1.2 人防 BIM 应根据项目阶段和任务的应用需求,按人防 BIM 实施策划规定和要求创建,其模型交付深度应满足本标准附录 B 和附录 C 的要求。

7.1.3 人防 BIM 应包含平时功能与战时功能,人防工程所需战时功能元素内容及分类编码应满足本标准附录 A 的要求。

7.1.4 人防 BIM 的模型精细度及所含数据信息应满足使用需求。

7.1.5 人防 BIM 应使用统一的坐标系统,平面坐标系应采用基于 CGCS2000 坐标系统下的上海市城市坐标系,高程系统宜采用 1987 年吴淞高程系。

7.2 模型精细度

7.2.1 人防 BIM 的模型精细度基本等级划分应符合表 7.2.1 的规定。根据人防工程项目的应用需求,可在基本等级之间扩充模型精细度等级。

表 7.2.1 模型精细度基本等级划分

模型精细度基本等级	代号	包含的最小模型单位
1.0 级	LOD1.0	项目级模型单元
2.0 级	LOD2.0	功能级模型单元
3.0 级	LOD3.0	构件级模型单元
4.0 级	LOD4.0	零件级模型单元

7.2.2 人防 BIM 的模型精细度等级应从模型单元的几何信息表达精度和属性信息表达深度 2 个维度进行表达，表达方式应采用 $\{Gn，Nn\}$，其中 Gn 表示几何信息表达精度等级，Nn 表示属性信息表达深度等级，n 的取值区间应为 1.0～4.0。

7.2.3 人防 BIM 的模型单元几何信息表达精度的等级划分应符合表 7.2.3 的规定。

表 7.2.3 几何信息表达精度等级代号

几何精度等级	代号	几何精度要求
1 级几何精度	G1	满足二维化或者符号化识别需求的几何精度
2 级几何精度	G2	满足空间占位、主要颜色等粗略识别需求的几何精度
3 级几何精度	G3	满足建造、安装流程、采购等精细识别需求的几何表达精度（设备类仅需准确反映外部 10 cm 及以上几何尺寸及构造，内部无要求）
4 级几何精度	G4	满足制造加工等高精度识别需求的几何表达精度

7.2.4 人防 BIM 的模型单元属性信息表达深度等级的划分应符合表 7.2.4 的规定。

表 7.2.4 属性信息表达深度等级代号

信息深度等级	代号	信息深度要求
1 级信息深度	N1	需要至少包含以下内容： ◆ 项目信息 ◆ 模型单元信息

信息深度等级	代号	信息深度要求
2级信息深度	N2	修订和补充 N1 等级信息,增加: ◆ 系统信息模型单元 ◆ 平战合用及平战功能转换信息
3级信息深度	N3	修订和补充 N2 等级信息,增加: ◆ 建造安装信息 ◆ 生产信息
4级信息深度	N4	修订和补充 N3 等级信息,增加: ◆ 资产信息 ◆ 维护信息

7.2.5 建设工程各阶段人防 BIM 的模型精细度应符合下列规定:

1 人防 BIM 设计阶段:方案设计模型精细度等级不宜低于{G1,N1},初步设计模型精细度等级不宜低于{G2,N1},施工图设计模型精细度等级不宜低于{G2,N2}。

2 人防 BIM 施工阶段:模型精细度等级不宜低于{G3,N3}。

3 人防 BIM 运维阶段:模型精细度等级不宜低于{G3,N4}。

4 人防 BIM 平战功能转换实施阶段:模型精细度等级不宜低于{G3,N4}。

5 具体各阶段的模型精度宜按本标准附录 B 和附录 C 的要求执行。

7.3 模型要求

7.3.1 人防 BIM 的模型宜按项目—单体或区域—专业代码—部位—平时或战时等方式对工程进行逐步细化建模。

7.3.2 人防 BIM 的模型命名宜符合下列规定:

1 模型名称宜由项目名称、子项名称、专业代码、阶段、版本号、人防标识、自定义描述组成,字段间应以半角下划线"_"隔开,人防标识用"CCAD"表示,平战标识在自定义描述中表述。

2 如文件名有"日期",格式宜按"年月日",中间无连接符。例如：20210901。

3 项目简称可采用拼音,项目简称不宜空缺。

4 人防 BIM 专业代码可按表 7.3.2 执行,细化或超出范围的,可采用 1 位～2 位中文或英文缩写进行表达。

表 7.3.2　人防 BIM 专业代码简称对照表

专业	专业代码（英文）
人防建筑	CA
人防结构	CS
人防暖通	CM
人防给排水	CP
人防电气	CE

注：专业代码（英文）中"C"表示人防工程的缩写"CCAD",第二个英文字母根据国家标准《建筑信息模型设计交付标准》GB/T 51301—2018 表 3.2.4 中的专业代码（英文）确定。

7.3.3　人防 BIM 设计阶段、施工阶段、运维阶段、平战功能转换实施阶段的细分及简称宜符合表 7.3.3 的规定。

表 7.3.3　人防 BIM 各阶段简称对照表

工程阶段		简称
设计阶段	方案设计阶段	FS
	初步设计阶段	CS
	施工图设计阶段	SS
施工阶段	施工阶段	SG
	竣工阶段	JG
运维阶段		YW
平战功能转换实施阶段		PZ

7.3.4　人防 BIM 的模型单元名称宜由工程对象名称和工程对象的主要特性值等字段组成,单元名称和颜色宜符合表 7.3.4 的规定。

表 7.3.4 人防 BIM 元素颜色

模型 类别	名称	颜色设置值			
		红(R)	绿(G)	蓝(B)	示例
人防 土建 （含建筑/ 结构）	墙	122	114	129	
	临战砌筑墙体	211	212	204	
	柱	255	191	191	
	板	150	164	139	
	梁	255	191	255	
	人防门窗	134	150	167	
	其他人防土建构件	177	122	125	
人防 给排水	给水系统	0	255	0	
	热水系统	255	153	102	
	冷却水系统	0	255	255	
	重力污水系统	255	191	0	
	压力污水系统	255	127	0	
	重力废水系统	127	191	255	
	压力废水系统	153	102	51	
	供油系统	153	0	204	
人防 暖通	送风系统	64	255	64	
	排风系统	128	64	0	
	排烟系统	229	229	17	
	空调系统	0	255	128	
	空调水系统	51	102	255	
人防 电气	弱电系统	0	255	255	
	强电系统	255	0	128	
	指挥通信系统	0	0	255	

注:本表中表示的系统均为人防工程战时功能使用的设施及设备系统,平时功能使用的系统颜色不在本标准规定范围。本标准中未作要求的模型颜色可由所属专项设计确定,并应在阶段策划或其他相关文档中说明定义的方法。

— 14 —

8 设计阶段应用

8.1 一般规定

8.1.1 人防 BIM 设计阶段应用应根据人防 BIM 阶段策划,在方案设计、初步设计、施工图设计阶段进行 BIM 应用。

8.1.2 人防 BIM 设计阶段应配合专业设计进行检查、调整,并宜根据阶段应用要求提供不同精细度的人防 BIM 模型进行协同管理。

8.1.3 人防 BIM 设计阶段模型应包含人防工程平时和战时信息。

8.1.4 人防工程内部及外部与人防工程正常使用相关构件的模型和信息应在人防 BIM 设计阶段模型中反映。

8.1.5 项目施工过程中设计内容发生变更,应及时更新模型几何及属性信息,并记录变更且发布。

8.2 BIM 应用及成果要求

8.2.1 人防 BIM 设计阶段应用宜符合表 8.2.1 的规定。

表 8.2.1 设计阶段 BIM 应用

序号	设计阶段	应用场景	定义
1	方案设计	模拟分析	对人防工程的结构、通风、人员疏散、平战功能转换实施等进行模拟分析
2		设计选项比选	通过构建或局部调整方式,形成多个备选的设计方案模型对建筑、结构、设备各专业方案进行比选

序号	设计阶段	应用场景	定义
3	方案设计	虚拟仿真漫游	利用BIM软件模拟建筑物的三维空间关系和场景,通过漫游、动画和VR等形式模拟人防工程的三维空间,提供身临其境的视觉、空间感受
4	初步设计	明细表统计	利用模型,对面积、空间等进行明细表统计
5		辅助算量分析	利用建筑模型,精确统计各项常用面积指标,以辅助进行技术指标测算
6	施工图设计	设计碰撞检查	基于各专业模型,应用BIM三维可视化技术检查人防区域内建筑、结构、设备各专业之间以及平时模型单元与战时模型单元之间的碰撞情况,包括硬碰撞及软碰撞(人防门的开启关闭范围内不得与其他构件有碰撞,平战功能转换的防爆隔墙、干厕及水箱所需空间没有其他设施阻挡等)
7		三维管线综合及竖向净空优化	基于各专业模型的碰撞检查结果,完成建筑项目设计范围内各种管线布设、建筑与结构平面布置和竖向高程相协调的三维协同设计工作,优化机电管线排布方案,对建筑物最终的竖向设计空间进行检测分析,并给出最优的净空高度
8		平战功能转换布置	人防BIM中添加人防战时需平战功能转换相关内容,体现战时人防设施布置
9		人防防护布置	人防BIM中体现具有人防防护要求的墙体、结构、人防门、悬板活门、防护阀门等设施的位置及信息,检查其有无遗漏
10		预留预埋布置	体现墙、板、人防结构以及二次结构的孔洞预留和预埋件,对人防工程预留孔洞和预埋件进行检查
11		工程量统计	创建符合工程量统计要求的建筑信息模型,包括钢筋混凝土等材料的用量、人防门窗型号及数量、人防设备型号及数量、各类机电管线及阀门等

序号	设计阶段	应用场景	定义
12	施工图设计	大型设备运输路径检查	人防工程的电站柴油发电机、风机等大型设备安装检修的空间需求和运输路径,优化设计方案
13		标识标牌	创建人防标识标牌模型,提供人防标识指引
14		管理应用	对接人防BIM管理平台,满足人防行业主管部门监管、接收要求

8.2.2 建设单位应组织人防 BIM 实施单位根据人防 BIM 设计阶段策划和相关交付标准,对设计阶段 BIM 成果进行审核,审核通过后归档。

8.2.3 人防 BIM 设计阶段交付深度应满足本标准附录 C 的相关要求。

8.2.4 人防 BIM 设计阶段交付成果格式应满足交付接收、共享、传递、使用及存储的需求。

8.2.5 人防 BIM 设计阶段成果交付接收、共享、传递、使用及存储应满足相关保密条例要求。

8.2.6 人防 BIM 设计阶段交付成果类型宜包括设计模型、模型使用说明书、工程图纸、计算文档、分析结果等交付物。

9 施工阶段应用

9.1 一般规定

9.1.1 人防 BIM 施工阶段应用宜包括施工准备、施工实施、竣工阶段等施工全过程,也可根据工程项目实际需要应用于某些环节或任务。

9.1.2 人防 BIM 施工阶段模型宜在施工图设计模型基础上创建,也可根据施工图等文件创建。

9.1.3 项目施工过程中发生变更时,应及时更新模型几何及属性信息并发布,同时记录变更。

9.1.4 人防 BIM 竣工模型应对应人防工程竣工交付状态。

9.1.5 人防 BIM 竣工模型宜基于施工过程模型建立,包含工程变更,并按本标准附录 C 的要求附加或关联相关验收资料及信息,与工程项目交付实体一致,并支持向运维阶段传递。

9.2 BIM 应用及成果要求

9.2.1 人防 BIM 施工阶段应用宜符合表 9.2.1 的规定。

表 9.2.1 施工阶段 BIM 应用

序号	施工阶段	应用场景	定义
1	施工准备	各专业施工深化	基于施工图设计模型进行深化,形成深化设计模型,输出深化设计图等
2		施工方案深化	使用 BIM 技术深化模型,依据现场实际施工、设计变更、技术核定等影响因素,对专项施工方案进行专项应用分析与模拟,输出施工专项方案分析报告及施工专项分析模型

续表9.2.1

序号	施工阶段	应用场景	定义
3	施工准备	算量与造价	基于施工深化设计模型创建算量模型,按照清单规范和消耗量定额确定工程量清单项目,输出工程量清单,并配合进行施工造价分析
4		施工交底	针对工程项目中的重点施工方案、施工工艺等进行基于BIM的可视化交底
5	施工实施	质量管理	基于深化模型创建质量管理模型,按照质量验收标准和施工资料标准确定质量验收计划,进行质量验收、质量问题处理、质量问题分析工作
6		成本管理	基于深化模型以及清单规范和消耗量定额创建成本管理模型,进行招标、合同、变更、材料、预决算等管理,辅助施工成本预测、计算、控制、核算、分析、考核
7		进度管理	基于深化模型创建进度管理模型,按照定额完成工程量估算和资源配置、进度计划优化,并通过进度计划审查
8		物资管理	基于施工深化模型创建物资管理模型,结合物资管理标准确定物资管理方案,编制物资消耗计划
9		资料管理	基于施工深化模型,根据实际施工情况,进行施工阶段资料数据的上传、下载及统计等全要素管理
10	竣工阶段	竣工模型创建	基于施工深化模型,结合竣工验收需求创建人防BIM竣工模型
11		竣工验收	将竣工验收合格后形成的验收信息和资料附加或关联到模型中,完成人防BIM竣工模型

注:其他施工阶段应用宜按现行上海市工程建设规范《建筑信息模型技术应用统一标准》DG/TJ 08—2201执行。

9.2.2 建设单位宜组织人防 BIM 实施单位根据人防 BIM 施工阶段策划和相关交付标准,对竣工阶段 BIM 成果进行审核,审核通过后归档。

9.2.3 人防工程交付的竣工模型应包含人防工程内部及外部与人防工程正常使用相关的构件。

9.2.4 人防 BIM 施工阶段交付成果格式应满足交付接收、共享、传递、使用及存储的需求。

9.2.5 人防 BIM 施工阶段成果交付接收、共享、传递、使用及存储应满足相关保密条例要求。

9.2.6 人防 BIM 施工阶段交付成果的类型宜包括竣工模型、模型使用说明书、竣工图纸、报告文档等交付物。

10 运维阶段应用

10.1 一般规定

10.1.1 人防 BIM 运维阶段应根据运维阶段策划,在运维阶段进行 BIM 应用。

10.1.2 人防 BIM 运维所需数据应来自竣工数据和成果,并根据运维阶段要求进行添加、更新和维护,可通过物联感知技术获取运维所需动态数据。

10.1.3 运维阶段模型宜基于竣工模型创建,可依据运维阶段需求对模型处理和信息补充,运维模型交付深度应满足本标准附录 B 和附录 C 的要求。

10.1.4 人防 BIM 运维管理方宜在项目策划阶段提出运维管理要求。

10.1.5 人防 BIM 运维管理宜根据运维管理需求,分配模型信息增、删、改等相应管理权限。

10.1.6 人防 BIM 运维管理方应向人防行业主管部门开放数据接口,并能实现与人防 BIM 管理系统的数据对接。

10.2 BIM 应用及成果要求

10.2.1 人防 BIM 运维阶段应用宜符合表 10.2.1 的规定。

表 10.2.1 运维阶段 BIM 应用

序号	应用场景	定义
1	空间管理	使用 BIM 技术来有效管理空间,根据运维需要划分空间网格,集成并分析空间网格运行数据,优化空间使用效率,辅助空间管理决策

序号	应用场景	定义
2	资产管理	使用 BIM 技术实现对设施设备资产的生命期管理和维护,并通过模型进行资产数据的查询、定位与分析
3	应急管理	使用 BIM 技术,支持应急预案管理、应急预案模拟、应急事件处置、应急事件评估等
4	维护管理	使用 BIM 技术,支持运维人员进行设施设备维护计划、任务分配、执行和跟踪,并帮助运维人员更快地发现问题、制定解决方案
5	能耗管理	使用 BIM 技术结合能源计量系统,对日常能源消耗情况进行实时监控和运行优化,实现节能减排
6	监测管理	使用物联感知技术获取运维所需动态数据对人防设施设备进行防护效能、安全效能的监测管理

10.2.2 人防 BIM 运维阶段宜通过人防 BIM 运维管理系统进行统一管理,人防 BIM 运维管理系统应满足现行国家标准《信息安全技术 网络安全等级保护定级指南》GB/T 22240 的要求。

10.2.3 人防 BIM 运维阶段管理相关信息宜在运维建筑信息模型和运维管理系统数据库中维护。

10.2.4 人防 BIM 运维阶段成果格式应满足交付接收、共享、传递、使用及存储的需求。

10.2.5 人防 BIM 运维阶段成果交付接收、共享、传递、使用及存储应满足相关保密条例要求。

10.2.6 人防 BIM 运维阶段交付成果宜包括运维 BIM 模型、运维应用、使用说明文档等交付物。

11 平战功能转换实施阶段应用

11.1 一般规定

11.1.1 人防 BIM 平战功能转换实施阶段应用内容应包括:人防 BIM 平战功能转换实施阶段策划编制,平时人防防护功能管理,平时平战功能转换操作演练,临战备战时辅助平战功能转换实施的应用。

11.1.2 人防 BIM 平战功能转换实施阶段模型宜基于竣工模型创建,可依据平战功能转换实施阶段需求对模型进行处理和信息补充,平战功能转换模型交付深度应满足本标准附录 B 和附录 C 的要求。

11.1.3 人防 BIM 平战功能转换管理系统应包含基础数据管理、空间管理、平战功能转换预案、平战功能转换所需物料财管理等,宜根据平战功能转换管理需求分配模型信息增、删、改、查阅等相应管理权限。

11.1.4 人防 BIM 平战功能转换管理系统应对接本市人防 BIM 管理系统。

11.2 BIM 应用及成果要求

11.2.1 人防 BIM 平战功能转换实施阶段应用宜符合表 11.2.1 的规定。

表 11.2.1 平战功能转换实施阶段 BIM 应用

序号	应用场景	定义
1	基础数据管理	人防 BIM 基础数据管理为临战转换做准备,包括项目名称及地点、实施单位、抗力等级、防化级别、民防建筑面积、平时功能、战时功能、所在层数、上部结构形式、防护单元数量、战时出入口数量、战时通风井数量、战时掩蔽人数、战时物资储备体积、车辆掩蔽数量等

序号	应用场景	定义
2	空间管理	利用人防 BIM 对人防工程内部空间进行管理,为平战功能转换做准备。在人防 BIM 中标识人防所需空间、平时功能及战时功能。 通过对内部空间的管理,避免人防工程被非法占用、挪用或拆除,确保在需要实施平战功能转换时,能够提供战时所需的空间,并提供准确的定位指示
3	工程量统计	利用人防 BIM 平战功能转换管理系统对如下需要临战构筑或安装的平战功能转换内容,进行人防工程平战功能转换工程量统计: 1)需要临战封堵的平时用的出入口、通风口等构件; 2)需要平时关闭但战时需要使用的战时楼梯、竖井等构件; 3)平时未砌筑、未建设的砖墙、防爆波挡墙等构件; 4)平时未安装需临战安装的干厕、战时水箱、供水设施、柴油发电机、储油及供油设施等构件
4	设施转换指导	利用人防 BIM 平战功能转换管理系统对人防工程内已安装到位的通风、给排水、电气、防化、通信警报、物联感知、标识等构件进行设施转换指导管理,主要包括需要临战转换的设备阀门的信息及定位,具体转换操作工作内容,具体转换工作应满足现行上海市工程建设规范《民防工程平战功能转换技术标准》DG/TJ 08—2429 的要求
5	材料资金管理	利用人防 BIM 平战功能转换管理系统对平战功能转换所需沙包、干厕、水箱等物资材料进行管理,并利用对应物资清单及资金定额要求对使用资金进行管理
6	阶段转换管理	利用人防 BIM 平战功能转换管理系统按如下阶段划分,分阶段统计平战功能转换所需工作量、材料、资金管理: 1)施工、安装时一次完成的工作量; 2)早期转换内容; 3)临战转换内容; 4)紧急转换内容
7	物资储存及运输分析	通过 BIM 技术检查大件、大量的物资和大型设备的临战储存和运输方案,并提供方案优化意见
8	平战功能转换模拟	利用人防 BIM 平战功能转换管理系统通过漫游、动画和 VR 等的形式模拟平战功能转换预案,培训指导人防工程平战功能转换工作。平战功能转换模拟内容应包含以下内容: 1)平时功能和战时功能空间区域的位置及要求; 2)临战拆除设备位置及要求; 3)临战安装土建及设备位置及要求;

序号	应用场景	定义
8	平战功能转换模拟	4）临战切换的阀门或设备位置及要求； 5）不同阶段平战功能转换的内容及相关进度模拟展示； 6）平战功能转换材料设备的统计、运输及存储要求； 7）标识标牌位置及信息
9	数据管理	提供数据接口及转换标准，与人防BIM管理系统对接
10	资料管理	利用人防BIM平战功能转换管理系统汇总人防工程中所有的相关模型、数据信息、人防设施的平时维护管理资料、平战功能转换的工作清单、平战功能转换实施阶段策划等

注：人防BIM平战功能转换管理系统能利用BIM技术进行平战功能转换模拟，可开展人防工程人员培训与平战功能转换管理，并建立包含设备设施专业知识、安装、操作使用要求、维修规程和应急预案等信息的人员培训知识库。

11.2.2 人防BIM平战功能转换实施阶段应用的工作内容，宜符合下列规定：

1 实现人防平战功能转换土建、设备设施数据采集与维护维修信息的关联录入、快速检索、定位、读取关联信息的功能。

2 利用移动互联等技术实现人防现场设备设施在平战功能转换模型中快速检索、定位和现场信息读取与录入功能。

3 实现人防平战功能转换关键部位设备设施实时监测和预警报障功能。

4 与关键设备网管监控系统实现数据互通。

11.2.3 人防BIM平战功能转换实施阶段成果格式应满足交付接收、共享、传递、使用及存储的需求。

11.2.4 人防BIM平战功能转换实施阶段成果交付接收、共享、传递、使用及存储应满足相关保密条例要求。

11.2.5 人防BIM平战功能转换实施阶段交付成果宜包括平战功能转换信息模型、平战功能转换模拟分析报告、人防BIM平战功能转换实施管理系统及使用说明文档等。

附录 A 人防 BIM 元素分类及编码

表 A.1 建筑专业 BIM 元素分类及编码

序号	元素编号	模型构件分类
1	14-04.10.00.00.00	建筑
2	14-04.10.03.00.00	场地
3	14-04.10.03.03.00	人防工程范围
4	14-04.10.03.06.00	人防主要出入口
5	14-04.10.03.09.00	人防次要出入口
6	14-04.10.03.12.00	人防预留联通口
7	14-04.10.03.15.00	人防专用楼梯
8	14-04.10.03.18.00	人防主口楼梯
9	14-04.10.03.21.00	人防主口坡道
10	14-04.10.06.00.00	建筑构件
11	14-04.10.06.03.00	混凝土防倒塌棚架
12	14-04.10.06.06.00	砖墙
13	14-04.10.06.09.00	防护密闭门
14	14-04.10.06.12.00	密闭门
15	14-04.10.06.15.00	悬板活门
16	14-04.10.06.18.00	普通门
17	14-04.10.06.21.00	防火门
18	14-04.10.06.24.00	防洪挡板
19	14-04.10.06.27.00	防堵格栅
20	14-04.10.06.30.00	防爆波电缆井

序号	元素编号	模型构件分类
21	14-04.10.06.33.00	洗消集水井
22	14-04.10.06.36.00	防爆波电缆井
23	14-04.10.06.39.00	油管接头井
24	14-04.10.06.42.00	排水沟
25	14-04.10.09.00.00	人防空间
26	14-04.10.09.03.00	防毒通道
27	14-04.10.09.06.00	密闭通道
28	14-04.10.09.09.00	扩散室
29	14-04.10.09.12.00	滤毒室
30	14-04.10.09.15.00	除尘室
31	14-04.10.09.18.00	淋浴间
32	14-04.10.09.21.00	穿衣间
33	14-04.10.09.24.00	脱衣间
34	14-04.10.09.27.00	战时排风机房
35	14-04.10.09.30.00	战时进风机房
36	14-04.10.09.33.00	防化器材储藏室
37	14-04.10.09.36.00	防化通信值班室
38	14-04.10.09.39.00	人防电站
39	14-04.10.09.42.00	储油间
40	14-04.10.09.45.00	电站控制室
41	14-04.10.09.48.00	人防风井
42	14-04.10.09.51.00	集气室
43	14-04.10.09.54.00	防护单元
44	14-04.10.09.57.00	抗爆单元
45	14-04.10.09.60.00	干厕

续表A.1

序号	元素编号	模型构件分类
46	14-04.10.09.63.00	厕所
47	14-04.10.09.66.00	医疗用房
48	14-04.10.09.69.00	单元间联通口
49	14-04.10.09.72.00	战时供水泵房
50	14-04.10.09.75.00	战时排水泵房
51	14-04.10.09.78.00	空调冷却水泵房
52	14-04.10.09.81.00	电站冷却水泵房
53	14-04.10.12.00.00	人防主要标识牌
54	14-04.10.12.03.00	民防工程标识牌
55	14-04.10.12.06.00	民防工程指示牌
56	14-04.10.12.09.00	民防工程人员掩蔽导引图
57	14-04.10.12.12.00	民防工程概况及示意图
58	14-04.10.12.15.00	战时主要出入口
59	14-04.10.12.18.00	战时次要出入口
60	14-04.10.12.21.00	防护单元示意图
61	14-04.10.12.24.00	人防墙体标识
62	14-04.10.12.27.00	禁停限停区标识
63	14-04.10.15.00.00	平战功能转换
64	14-04.10.15.03.00	干厕便桶
65	14-04.10.15.06.00	干厕隔墙
66	14-04.10.15.09.00	抗爆挡墙
67	14-04.10.15.12.00	医疗救护工程轻质板材或其他成品材料
68	14-04.10.15.15.00	装配式防倒塌棚架
69	14-04.10.15.18.00	战时沙袋和堆土
70	14-04.10.15.21.00	战时人防门密封胶封堵

续表A.1

序号	元素编号	模型构件分类
71	14-04.10.15.24.00	战时拆除影响人防的平时防火门、防火卷帘
72	14-04.10.15.27.00	战时移除影响人防门的坡道板
73	14-04.10.15.30.00	活门槛临战安装
74	14-04.10.15.33.00	战时拆除对人防有影响的机械车位
75	14-04.10.15.36.00	战时安装标识标牌

表A.2 结构专业BIM元素分类及编码

序号	元素编号	模型构件分类
1	14-04.20.00.00.00	结构
2	14-04.20.03.00.00	地基基础
3	14-04.20.03.03.00	基础
4	14-04.20.03.06.00	桩
5	14-04.20.06.00.00	混凝土结构
6	14-04.20.06.03.00	梁
7	14-04.20.06.06.00	板
8	14-04.20.06.09.00	柱
9	14-04.20.06.12.00	墙
10	14-04.20.06.15.00	楼梯
11	14-04.20.06.18.00	坡道
12	14-04.20.09.00.00	钢结构
13	14-04.20.09.03.00	钢柱
14	14-04.20.09.06.00	防倒塌棚架
15	14-04.20.12.00.00	其他结构
16	14-04.20.12.03.00	结构孔洞
17	14-04.20.12.06.00	预埋件

续表A.2

序号	元素编号	模型构件分类
18	14-04.20.12.09.00	人防门挂钩
19	14-04.20.12.12.00	设备基础
20	14-04.20.12.15.00	集水井
21	14-04.20.15.00.00	平战功能转换
22	14-04.20.15.03.00	后加柱
23	14-04.20.15.06.00	临战封堵所需构件
24	14-04.20.15.09.00	临战需拆除的构件

表A.3 暖通专业BIM元素分类及编码

序号	元素编号	模型构件分类
1	14-04.30.00.00.00	暖通
2	14-04.30.03.00.00	进风系统
3	14-04.30.03.03.00	进风悬板活门
4	14-04.30.03.06.00	油网滤尘器
5	14-04.30.03.09.00	油网滤尘器压差测量管
6	14-04.30.03.12.00	过滤吸收器
7	14-04.30.03.15.00	过滤吸收器压差测量管
8	14-04.30.03.18.00	空气放射性测量管
9	14-04.30.03.21.00	尾气监测取样管
10	14-04.30.03.24.00	气密测量管
11	14-04.30.03.27.00	换气堵头
12	14-04.30.03.30.00	洗消堵头
13	14-04.30.03.33.00	自动监测取样管
14	14-04.30.03.36.00	工程超压测压装置
15	14-04.30.03.39.00	增压管

续表A.3

序号	元素编号	模型构件分类
16	14-04.30.03.42.00	风量测量装置
17	14-04.30.03.45.00	清洁式送风机
18	14-04.30.03.48.00	滤毒式送风机
19	14-04.30.03.51.00	送风百叶风口
20	14-04.30.03.54.00	防火风口
21	14-04.30.03.57.00	清洁式送风管
22	14-04.30.03.60.00	滤毒式送风管
23	14-04.30.03.63.00	清洁区送风管
24	14-04.30.06.00.00	排风系统
25	14-04.30.06.03.00	排风悬板活门
26	14-04.30.06.06.00	超压排气活门
27	14-04.30.06.09.00	排风机
28	14-04.30.06.12.00	排风百叶风口
29	14-04.30.06.15.00	换气扇
30	14-04.30.06.18.00	口部排风管
31	14-04.30.06.21.00	清洁区排风管
32	14-04.30.09.00.00	电站进风系统
33	14-04.30.09.03.00	进风悬板活门
34	14-04.30.09.06.00	防爆送风机
35	14-04.30.09.09.00	口部进风管
36	14-04.30.09.12.00	送风管
37	14-04.30.09.15.00	油网滤尘器
38	14-04.30.09.18.00	油网滤尘器压差测量管
39	14-04.30.09.21.00	加湿器
40	14-04.30.12.00.00	电站排风、机组排烟系统

序号	元素编号	模型构件分类
41	14-04.30.12.03.00	排风悬板活门
42	14-04.30.12.06.00	排烟悬板活门
43	14-04.30.12.09.00	防爆排风机
44	14-04.30.12.12.00	防火风口
45	14-04.30.12.15.00	机组排风导管
46	14-04.30.12.18.00	机组排烟管
47	14-04.30.12.21.00	排烟波纹管
48	14-04.30.12.24.00	排烟管保温层
49	14-04.30.12.27.00	口部排风管
50	14-04.30.12.30.00	排风管
51	14-04.30.15.00.00	空调系统
52	14-04.30.15.03.00	空调机组
53	14-04.30.15.06.00	冷热源设备
54	14-04.30.15.09.00	新风机组
55	14-04.30.15.12.00	风机盘管机组
56	14-04.30.15.15.00	冷冻水泵
57	14-04.30.15.18.00	定压装置
58	14-04.30.15.21.00	补水泵
59	14-04.30.15.24.00	加药装置
60	14-04.30.15.27.00	软化水箱
61	14-04.30.15.30.00	压差旁通装置
62	14-04.30.15.33.00	中效过滤器
63	14-04.30.15.36.00	空调冷冻水供水管
64	14-04.30.15.39.00	空调冷冻水回水管
65	14-04.30.15.42.00	空调送风管

序号	元素编号	模型构件分类
66	14-04.30.18.00.00	风管附件
67	14-04.30.18.03.00	手动密闭阀门
68	14-04.30.18.06.00	手、电动两用密闭阀门
69	14-04.30.18.09.00	风管蝶阀
70	14-04.30.18.12.00	手动对开式多叶调节阀
71	14-04.30.18.15.00	电动对开式多叶调节阀
72	14-04.30.18.18.00	消声器
73	14-04.30.18.21.00	插板阀
74	14-04.30.18.24.00	止回阀
75	14-04.30.18.27.00	防火阀
76	14-04.30.18.30.00	防火调节阀
77	14-04.30.21.00.00	支吊架
78	14-04.30.21.03.00	水管支吊架
79	14-04.30.21.06.00	风管支吊架
80	14-04.30.24.00.00	套管及留洞
81	14-04.30.24.03.00	密闭套管
82	14-04.30.24.06.00	防水套管
83	14-04.30.24.09.00	柔性防水套管
84	14-04.30.24.12.00	普通钢套管
85	14-04.30.27.00.00	平战功能转换
86	14-04.30.27.03.00	口部毒剂报警器探头
87	14-04.30.27.06.00	口部毒剂报警器主机
88	14-04.30.27.09.00	口部毒剂报警器光纤转换器
89	14-04.30.27.12.00	口部毒剂报警器主机通信线缆
90	14-04.30.27.15.00	空气质量监测仪

续表A.3

序号	元素编号	模型构件分类
91	14-04.30.27.18.00	空气放射性监测仪
92	14-04.30.27.21.00	空气染毒监测仪
93	14-04.30.27.24.00	临战关闭的通风阀门
94	14-04.30.27.27.00	临战拆除的平时风管
95	14-04.30.27.30.00	临战关闭的水管阀门

表 A.4　给排水专业 BIM 元素分类及编码

序号	元素编号	模型构件分类
1	14-04.40.00.00.00	给排水
2	14-04.40.03.00.00	供水系统
3	14-04.40.03.03.00	给水泵
4	14-04.40.03.06.00	饮用水箱
5	14-04.40.03.09.00	生活水箱
6	14-04.40.03.12.00	洗消水箱
7	14-04.40.03.15.00	气压罐
8	14-04.40.03.18.00	热水器
9	14-04.40.03.21.00	给水管
10	14-04.40.03.24.00	热水管
11	14-04.40.03.27.00	供水水箱附属设施
12	14-04.40.03.30.00	其他储水装置
13	14-04.40.06.00.00	排水系统
14	14-04.40.06.03.00	排水泵
15	14-04.40.06.06.00	重力废水排水管
16	14-04.40.06.09.00	重力污水排水管
17	14-04.40.06.12.00	洗消排水管

续表A.4

序号	元素编号	模型构件分类
18	14-04.40.06.15.00	压力废水排水管
19	14-04.40.06.18.00	压力污水排水管
20	14-04.40.09.00.00	空调冷却水系统
21	14-04.40.09.03.00	空调冷却水循环泵
22	14-04.40.09.06.00	空调冷却水水池（箱）
23	14-04.40.09.09.00	室外冷却塔
24	14-04.40.09.12.00	空调冷却水供水管
25	14-04.40.09.15.00	空调冷却水回水管
26	14-04.40.09.18.00	冷却水水池（箱）附属设施
27	14-04.40.12.00.00	电站冷却水系统
28	14-04.40.12.03.00	电站冷却水循环泵
29	14-04.40.12.06.00	电站冷却水供水泵
30	14-04.40.12.09.00	电站冷却水水池（箱）
31	14-04.40.12.12.00	电站冷却水供水管
32	14-04.40.12.15.00	电站冷却水回水管
33	14-04.40.12.18.00	电站冷却水水池（箱）附属设施
34	14-04.40.15.00.00	电站供油系统
35	14-04.40.15.03.00	供油泵
36	14-04.40.15.06.00	储油箱
37	14-04.40.15.09.00	日用油箱
38	14-04.40.15.12.00	室外油接头井
39	14-04.40.15.15.00	油桶
40	14-04.40.15.18.00	油箱附属设施
41	14-04.40.18.00.00	水管管件
42	14-04.40.18.03.00	弯头

续表A. 4

序号	元素编号	模型构件分类
43	14-04.40.18.06.00	三通
44	14-04.40.18.09.00	四通
45	14-04.40.18.12.00	过渡件
46	14-04.40.18.15.00	接头
47	14-04.40.18.18.00	法兰
48	14-04.40.21.00.00	水管附件
49	14-04.40.21.03.00	防护闸阀
50	14-04.40.21.06.00	防护信号阀
51	14-04.40.21.09.00	阀门
52	14-04.40.21.12.00	洗消水嘴
53	14-04.40.21.15.00	水嘴
54	14-04.40.21.18.00	真空破坏器
55	14-04.40.21.21.00	计量表
56	14-04.40.21.24.00	补偿管道伸缩和剪切变形装置
57	14-04.40.21.27.00	倒流防止器
58	14-04.40.21.30.00	温控阀
59	14-04.40.21.33.00	防爆波清扫口
60	14-04.40.21.36.00	防爆地漏
61	14-04.40.21.39.00	普通地漏
62	14-04.40.21.42.00	清扫口
63	14-04.40.21.45.00	管道仪表
64	14-04.40.21.48.00	止回阀
65	14-04.40.21.51.00	球阀
66	14-04.40.21.54.00	闸阀
67	14-04.40.21.57.00	止回阀

序号	元素编号	模型构件分类
68	14-04.40.21.60.00	软接头
69	14-04.40.24.00.00	套管及留洞
70	14-04.40.24.03.00	密闭套管
71	14-04.40.24.06.00	刚性防水套管
72	14-04.40.24.09.00	柔性防水套管
73	14-04.40.24.12.00	普通钢套管
74	14-04.40.27.00.00	支吊架
75	14-04.40.27.03.00	水管支吊架
76	14-04.40.30.00.00	平战功能转换
77	14-04.40.30.03.00	战时水箱及附属设施
78	14-04.40.30.06.00	洗消用淋浴器
79	14-04.40.30.09.00	洗消用加热设备
80	14-04.40.30.12.00	压力供水装置
81	14-04.40.30.15.00	油桶
82	14-04.40.30.18.00	其他临战安装水设备

表 A.5 电气专业 BIM 元素分类及编码

序号	元素编号	模型构件分类
1	14-04.50.00.00.00	电气
2	14-04.50.03.00.00	供配电
3	14-04.50.03.03.00	变压器
4	14-04.50.03.06.00	发电机
5	14-04.50.03.09.00	高压柜
6	14-04.50.03.12.00	低压配电柜
7	14-04.50.03.15.00	配电箱

序号	元素编号	模型构件分类
8	14-04.50.03.18.00	插座箱
9	14-04.50.03.21.00	开关
10	14-04.50.03.24.00	插座
11	14-04.50.03.27.00	发电机隔室操作台
12	14-04.50.06.00.00	建筑智能化
13	14-04.50.06.03.00	通风方式控制箱
14	14-04.50.06.06.00	通风方式信号灯、箱
15	14-04.50.06.09.00	战时呼唤按钮
16	14-04.50.06.12.00	电话插座
17	14-04.50.06.15.00	战时电话接线箱
18	14-04.50.06.18.00	弱电插座
19	14-04.50.09.00.00	人防物联
20	14-04.50.09.03.00	物联主机
21	14-04.50.09.06.00	浸水传感器
22	14-04.50.09.09.00	空气质量传感器
23	14-04.50.12.00.00	支吊架
24	14-04.50.12.03.00	桥架支吊架
25	14-04.50.12.06.00	其他支吊架
26	14-04.50.15.00.00	套管及留洞
27	14-04.50.15.03.00	密闭套管
28	14-04.50.15.06.00	普通钢套管
29	14-04.50.18.00.00	线缆
30	14-04.50.18.03.00	电缆
31	14-04.50.21.00.00	指挥通信
32	14-04.50.21.03.00	计算机

续表A.5

序号	元素编号	模型构件分类
33	14-04.50.21.06.00	服务器
34	14-04.50.21.09.00	程控交换机
35	14-04.50.21.12.00	路由器
36	14-04.50.21.15.00	网络交换机
37	14-04.50.21.18.00	800M 固定台
38	14-04.50.21.21.00	800M 手持台
39	14-04.50.21.24.00	800M 室外天线
40	14-04.50.21.27.00	800M 集群室内信号分布系统
41	14-04.50.21.30.00	400M 固定台
42	14-04.50.21.33.00	400M 手持台
43	14-04.50.21.36.00	400M 室外天线
44	14-04.50.21.39.00	400M 集群室内信号分布系统
45	14-04.50.21.42.00	配线架
46	14-04.50.21.45.00	显示屏
47	14-04.50.21.48.00	硬盘录像机
48	14-04.50.21.51.00	室内监控摄像机
49	14-04.50.21.54.00	室外监控摄像机
50	14-04.50.24.00.00	平战功能转换
51	14-04.50.24.03.00	人防预埋套管
52	14-04.50.24.06.00	战时区域电源
53	14-04.50.24.09.00	战时 EPS

附录 B 人防 BIM 模型元素的几何信息和属性信息要求

表 B.1 建筑专业模型元素几何信息要求

序号	工程对象	几何信息要求	备注
1	项目场地	尺寸及定位需与图纸、现场一致	
2	人防工程指示牌/标识牌	外观、尺寸及定位需与图纸、现场一致	
3	人防区外墙	尺寸及定位需与图纸、现场一致	
4	非人防区外墙	定位需与图纸、现场一致	
5	人防临空墙	尺寸及定位需与图纸、现场一致	
6	人防单元间隔墙	尺寸及定位需与图纸、现场一致	
7	人防密闭隔墙	尺寸及定位需与图纸、现场一致	
8	人防区内除 5、6、7 外其他钢筋混凝土墙	尺寸及定位需与图纸、现场一致	
9	人防区内非结构墙体	尺寸及定位需与图纸、现场一致	
10	主要出入口加固区侧边墙体	尺寸及定位需与图纸、现场一致	
11	人防门	尺寸及定位需与图纸、现场一致	
12	人防区内防火门及普通门	外观、尺寸及定位需与图纸、现场一致	
13	人防区内窗体	尺寸及定位需与图纸、现场一致	
14	人防区内集水井	尺寸及定位需与图纸、现场一致	
15	人防区内排水沟	尺寸及定位需与图纸、现场一致	

序号	工程对象	几何信息要求	备注
16	临战封堵	尺寸及定位需与图纸、现场一致	
17	抗爆隔墙	尺寸及定位需与图纸、现场一致	
18	战时干厕	尺寸及定位需与图纸、现场一致	
19	人防区内竖井	尺寸及定位需与图纸、现场一致	
20	人防区内楼梯	尺寸及定位需与图纸、现场一致	指周边均为人防区的楼梯
21	人防区内汽车或自行车坡道	尺寸及定位需与图纸、现场一致	指周边均为人防区的汽车坡道
22	人防区内电、扶梯	外观、尺寸及定位需与图纸、现场一致	指周边均为人防区的电、扶梯
23	人防主要出入口楼梯或坡道	尺寸及定位需与图纸、现场一致	
24	防倒塌棚架	尺寸及定位需与图纸、现场一致	
25	其他人防区内设备设施	定位需与图纸、现场一致	类似停车位、设备基础、水池、家具等其他设备设施

表 B.2　建筑专业模型元素属性信息要求

序号	工程对象	属性信息要求	备注
1	人防工程指示牌、标识牌	品牌、型号、生产厂商、出厂日期、安装日期、安装单位、使用年限	
2	人防门	品牌、型号、生产厂商、出厂日期、安装日期、安装单位、使用年限、厂家联系方式	
3	人防区内防火门及普通门	品牌、型号、生产厂商、出厂日期、安装日期、安装单位、使用年限、厂家联系方式	
4	人防区内窗体	品牌、型号、生产厂商、出厂日期、安装日期、安装单位、使用年限、厂家联系方式	

续表B. 2

序号	工程对象	属性信息要求	备注
5	悬板活门	品牌、型号、生产厂商、出厂日期、安装日期、安装单位、使用年限、厂家联系方式	

表 B. 3   结构专业模型元素几何信息要求

序号	工程对象	几何信息要求	备注
1	人防区基础	尺寸及定位需与图纸、现场一致	包括周边均为人防区的非防护区
2	人防区顶板梁	尺寸及定位需与图纸、现场一致	
3	人防区顶板柱帽、柱托	尺寸及定位需与图纸、现场一致	
4	人防区结构留洞	尺寸及定位需与图纸、现场一致	
5	人防区预埋管	尺寸及定位需与图纸、现场一致	
6	人防临战后加柱	尺寸及定位需与图纸、现场一致	

表 B. 4   结构专业模型元素属性信息要求

序号	工程对象	属性信息要求	备注
1	人防区基础	标高、尺寸、材料	
2	人防区顶板梁	标高、尺寸、材料	
3	人防区顶板柱帽、柱托	标高、尺寸、材料	
4	人防区预埋管	标高、尺寸、材料	
5	人防临战后加柱	标高、尺寸、材料	

表 B. 5   通风专业模型元素几何信息要求

序号	工程对象	几何信息要求	备注
1	人防区内各类管道与管件	尺寸及定位需与图纸、现场一致	配色可采用建议表
2	人防区内风机	尺寸及定位需与图纸、现场一致	

续表B.5

序号	工程对象	几何信息要求	备注
3	人防区内空调机组	尺寸及定位需与图纸、现场一致	
4	人防区内冷水机组	尺寸及定位需与图纸、现场一致	
5	人防区内冷冻水泵	尺寸及定位需与图纸、现场一致	
6	人防区内油网除尘器	尺寸及定位需与图纸、现场一致	
7	人防区内预滤器	尺寸及定位需与图纸、现场一致	
8	人防区内过滤吸收器	尺寸及定位需与图纸、现场一致	
9	人防区内其他通风设备	尺寸及定位需与图纸、现场一致	包括战时和平时使用全部设备,战时设备需采用人防设备标准族库中文件
10	人防区内空调末端设备	尺寸及定位需与图纸、现场一致	
11	人防区内送排风口	尺寸及定位需与图纸、现场一致	
12	人防区内防排烟口	尺寸及定位需与图纸、现场一致	
13	人防区内其他风口	尺寸及定位需与图纸、现场一致	
14	人防区内阀门	尺寸及定位需与图纸、现场一致	
15	超压自动排气活门	尺寸及定位需与图纸、现场一致	
16	超压测压装置	尺寸及定位需与图纸、现场一致	
17	增压管	尺寸及定位需与图纸、现场一致	
18	气密测量管	尺寸及定位需与图纸、现场一致	
19	放射性检测取样管	尺寸及定位需与图纸、现场一致	
20	尾气监测取样管	尺寸及定位需与图纸、现场一致	
21	各类测量计量仪表	尺寸及定位需与图纸、现场一致	
22	人防区内计量表	尺寸及定位需与图纸、现场一致	

序号	工程对象	几何信息要求	备注
23	人防区内消声器	尺寸及定位需与图纸、现场一致	
24	人防区内管道支吊架	尺寸及定位需与图纸、现场一致	
25	其他在人防区外,但与人防相关的管道、设备	尺寸及定位需与图纸、现场一致	包括战时和平时使用全部设备,战时设备需采用人防设备标准族库中文件
26	人防区内各类管道与管件	尺寸及定位需与图纸、现场一致	配色可采用建议表
27	人防区内风机	尺寸及定位需与图纸、现场一致	

表 B. 6 通风专业模型元素属性信息要求

序号	工程对象	属性信息要求	备注
1	人防区内各类管道与管件	品牌、型号、生产厂商、出厂日期、安装日期、安装单位、使用年限	
2	人防区内风机	品牌、型号、生产厂商、出厂日期、安装日期、安装单位、使用年限、额定功率、全压、静压、风量、噪声、转速、重量、保养周期、厂家联系方式	
3	人防区内空调机组	品牌、型号、生产厂商、出厂日期、安装日期、安装单位、使用年限、额定功率、额定电压、额定电流、制冷量、制热量、制冷剂种类、机组尺寸、噪声、风量、转速、保养周期、厂家联系方式	
4	人防区内冷水机组	品牌、型号、生产厂商、出厂日期、安装日期、安装单位、使用年限、额定功率、额定电压、额定电流、水流量、水压降、噪声、保养周期、厂家联系方式	

序号	工程对象	属性信息要求	备注
5	人防区内冷冻水泵	品牌、型号、生产厂商、出厂日期、安装日期、安装单位、使用年限、额定功率、保养周期、厂家联系方式	
6	人防区内油网除尘器	品牌、型号、生产厂商、出厂日期、安装日期、安装单位、使用年限、额定风量、片数规格、安装尺寸、保养周期、厂家联系方式	
7	人防区内预滤器	品牌、型号、生产厂商、出厂日期、安装日期、安装单位、使用年限、风量、保养周期、厂家联系方式	
8	人防区内过滤吸收器	品牌、型号、生产厂商、出厂日期、安装日期、安装单位、使用年限、风量、保养周期、厂家联系方式	
9	人防区内其他通风设备	品牌、型号、生产厂商、出厂日期、安装日期、安装单位、使用年限、额定功率、额定电压、额定电流、噪声、风量、转速、保养周期、厂家联系方式	
10	人防区内空调末端设备	品牌、型号、生产厂商、出厂日期、安装日期、安装单位、使用年限、额定功率、额定电压、额定电流、噪声、风量、转速、保养周期、厂家联系方式	
11	人防区内送排风口	品牌、型号、生产厂商、出厂日期、安装日期、安装单位、使用年限、长宽尺寸规格、风量、转速、保养周期、厂家联系方式	
12	人防区内防排烟口	品牌、型号、生产厂商、出厂日期、安装日期、安装单位、使用年限、长宽尺寸规格、风量、转速、保养周期、厂家联系方式（电动阀需提供额定功率）	

序号	工程对象	属性信息要求	备注
13	人防区内其他风口	品牌、型号、生产厂商、出厂日期、安装日期、安装单位、使用年限、长宽尺寸规格、风量、转速、保养周期、厂家联系方式	
14	人防区内阀门	品牌、型号、生产厂商、出厂日期、安装日期、安装单位、使用年限、风量、保养周期、厂家联系方式 (电动阀需提供额定功率)	
15	超压自动排气活门	品牌、型号、生产厂商、出厂日期、安装日期、安装单位、使用年限、风量、保养周期、厂家联系方式	
16	超压测压装置	品牌、型号、生产厂商、出厂日期、安装日期、安装单位、使用年限、人防区内安装端、非人防区安装端、保养周期、厂家联系方式	
17	增压管	品牌、型号、生产厂商、出厂日期、安装日期、安装单位、使用年限、风量、保养周期、厂家联系方式	
18	气密测量管	品牌、型号、生产厂商、出厂日期、安装日期、安装单位、使用年限、保养周期、厂家联系方式	
19	放射性检测取样管	品牌、型号、生产厂商、出厂日期、安装日期、安装单位、使用年限、保养周期、厂家联系方式	
20	尾气监测取样管	品牌、型号、生产厂商、出厂日期、安装日期、安装单位、使用年限、保养周期、厂家联系方式	
21	各类测量计量仪表	品牌、型号、生产厂商、出厂日期、安装日期、安装单位、使用年限、额定功率、风量、保养周期、厂家联系方式	

续表B.6

序号	工程对象	属性信息要求	备注
22	人防区内计量表	品牌、型号、生产厂商、出厂日期、安装日期、安装单位、使用年限、额定功率、风量、保养周期、厂家联系方式	
23	人防区内消声器	品牌、型号、生产厂商、出厂日期、安装日期、安装单位、使用年限、外形尺寸、风速、消声隔板数量及材料、保养周期、厂家联系方式	
24	人防区内管道支吊架	品牌、型号、生产厂商、出厂日期、安装日期、安装单位、使用年限、保养周期、厂家联系方式	
25	其他在人防区外,但与人防相关的管道、设备	品牌、型号、生产厂商、出厂日期、安装日期、安装单位、使用年限、额定功率、额定电压、额定电流、噪声、风量、转速、保养周期、厂家联系方式	
26	人防区内各类管道与管件	品牌、型号、生产厂商、出厂日期、安装日期、安装单位、使用年限	
27	人防区内风机	品牌、型号、生产厂商、出厂日期、安装日期、安装单位、使用年限、额定功率、全压、静压、风量、噪声、转速、重量、保养周期、厂家联系方式	

表B.7 给排水专业模型元素几何信息要求

序号	工程对象	几何信息要求	备注
1	人防区内各类管道与管件	尺寸及定位需与图纸、现场一致	配色可采用建议表
2	人防区内水泵	尺寸及定位需与图纸、现场一致	包括战时和平时使用全部水泵(给水泵、消防水泵、排水泵等),战时设备需采用人防设备标准族库中文件

续表B.7

序号	工程对象	几何信息要求	备注
3	人防区内水箱	尺寸及定位需与图纸、现场一致	包括战时和平时使用全部设备,战时设备需采用人防设备标准族库中文件
4	人防区内消火栓	尺寸及定位需与图纸、现场一致	包括战时和平时使用全部设备,战时设备需采用人防设备标准族库中文件
5	人防区内喷头、水嘴	尺寸及定位需与图纸、现场一致	
6	人防区内阀门、计量表	尺寸及定位需与图纸、现场一致	包括战时和平时使用全部设备,战时设备需采用人防设备标准族库中文件
7	人防区内管道支吊架	尺寸及定位需与图纸、现场一致	
8	人防区内地漏	尺寸及定位需与图纸、现场一致	
9	人防洗消集水井内设备	尺寸及定位需与图纸、现场一致	包括战时和平时使用全部设备,战时设备需采用人防设备标准族库中文件
10	人防洗消集水井内管道及附件	尺寸及定位需与图纸、现场一致	
11	人防区内其他给排水设备设施	尺寸及定位需与图纸、现场一致	
12	其他在人防区外,但与人防相关的管道、设备	尺寸及定位需与图纸、现场一致	包括战时和平时使用全部设备,战时设备需采用人防设备标准族库中文件

表B.8 给排水专业模型元素属性信息要求

序号	工程对象	属性信息要求	备注
1	人防区内各类管道与管件	品牌、型号、生产厂商、出厂日期、安装日期、安装单位、使用年限	

序号	工程对象	属性信息要求	备注
2	人防区内水泵	品牌、型号、生产厂商、出厂日期、安装日期、安装单位、使用年限、额定功率、额定电压、额定电流、噪声、风量、转速、保养周期、厂家联系方式	
3	人防区内水箱	品牌、型号、生产厂商、出厂日期、安装日期、安装单位、使用年限、额定功率、额定电压、额定电流、噪声、风量、转速、保养周期、厂家联系方式	
4	人防区内消火栓	品牌、型号、生产厂商、出厂日期、安装日期、安装单位、使用年限、额定功率、额定电压、额定电流、噪声、风量、转速、保养周期、厂家联系方式	
5	人防区内喷头、水嘴	品牌、型号、生产厂商、出厂日期、安装日期、安装单位、使用年限、额定功率、额定电压、额定电流、噪声、风量、转速、保养周期、厂家联系方式	
6	人防区内阀门、计量表	品牌、型号、生产厂商、出厂日期、安装日期、安装单位、使用年限、额定功率、额定电压、额定电流、噪声、风量、转速、保养周期、厂家联系方式	
7	人防区内管道支吊架	品牌、型号、生产厂商、出厂日期、安装日期、安装单位、使用年限、额定功率、额定电压、额定电流、噪声、风量、转速、保养周期、厂家联系方式	
8	人防区内地漏	品牌、型号、生产厂商、出厂日期、安装日期、安装单位、使用年限、额定功率、额定电压、额定电流、噪声、风量、转速、保养周期、厂家联系方式	

续表B.8

序号	工程对象	属性信息要求	备注
9	人防洗消集水井内设备	品牌、型号、生产厂商、出厂日期、安装日期、安装单位、使用年限、额定功率、额定电压、额定电流、噪声、风量、转速、保养周期、厂家联系方式	
10	人防洗消集水井内管道及附件	品牌、型号、生产厂商、出厂日期、安装日期、安装单位、使用年限	
11	人防区内其他给排水设备设施	品牌、型号、生产厂商、出厂日期、安装日期、安装单位、使用年限、额定功率、额定电压、额定电流、噪声、风量、转速、保养周期、厂家联系方式	
12	其他在人防区外,但与人防相关的管道、设备	品牌、型号、生产厂商、出厂日期、安装日期、安装单位、使用年限、额定功率、额定电压、额定电流、噪声、风量、转速、保养周期、厂家联系方式	

表 B.9 电气专业模型元素几何信息要求

序号	工程对象	几何信息要求	备注
1	人防区内电气箱(柜)	尺寸及定位需与图纸、现场一致	包括高压柜组、低压总配电柜、主要低压配电柜等
2	人防区内电气机组	尺寸及定位需与图纸、现场一致	包括变压器组、发电机组等
3	人防区内桥架、电气套管	尺寸及定位需与图纸、现场一致	
4	人防区内电气末端设备	尺寸及定位需与图纸、现场一致	
5	人防预埋套管、密闭肋	尺寸及定位需与图纸、现场一致	

序号	工程对象	几何信息要求	备注
6	人防区内各类灯具	尺寸及定位需与图纸、现场一致	
7	通风方式信号灯、箱	尺寸及定位需与图纸、现场一致	
8	战时呼唤按钮	尺寸及定位需与图纸、现场一致	
9	人防区内插座	尺寸及定位需与图纸、现场一致	
10	人防区内电话	尺寸及定位需与图纸、现场一致	
11	人防区内温感烟感探测器	尺寸及定位需与图纸、现场一致	
12	人防区内弱电安防设备	尺寸及定位需与图纸、现场一致	包含安防主机广播喇叭、摄像头、入侵探测器、电控锁
13	人防区内火灾报警设备	尺寸及定位需与图纸、现场一致	包含报警主机、火灾探测器、消防专用电话、手动报警按钮、消火栓起泵按钮、声光报警器等
14	人防区内各类开关	尺寸及定位需与图纸、现场一致	

表B.10 电气专业模型元素属性信息要求

序号	工程对象	属性信息要求	备注
1	人防区内电气箱(柜)	品牌、型号、生产厂商、出厂日期、安装日期、安装单位、使用年限、额定功率、额定电压、保养周期、厂家联系方式	

续表B.10

序号	工程对象	属性信息要求	备注
2	人防区内电气机组	品牌、型号、生产厂商、出厂日期、安装日期、安装单位、使用年限、额定功率、额定电压、额定电流、噪声、保养周期、厂家联系方式	
3	人防区内桥架、电气套管	品牌、型号、生产厂商、出厂日期、安装日期、安装单位、使用年限、额定功率、额定电压、额定电流、保养周期、厂家联系方式	
4	人防区内电气末端设备	品牌、型号、生产厂商、出厂日期、安装日期、安装单位、使用年限、额定功率、额定电压、额定电流、保养周期、厂家联系方式	
5	人防预埋套管、密闭肋	型号、安装日期、安装单位、使用年限、保养周期、厂家联系方式	
6	人防区内各类灯具	品牌、型号、生产厂商、出厂日期、安装日期、安装单位、使用年限、额定功率、额定电压、额定电流、保养周期、厂家联系方式	
7	通风方式信号灯、箱	品牌、型号、生产厂商、出厂日期、安装日期、安装单位、使用年限、额定功率、额定电压、额定电流、保养周期、厂家联系方式	
8	战时呼唤按钮	品牌、型号、生产厂商、出厂日期、安装日期、安装单位、使用年限、额定功率、额定电压、额定电流、保养周期、厂家联系方式	
9	人防区内插座	品牌、型号、生产厂商、出厂日期、安装日期、安装单位、使用年限、额定功率、额定电压、额定电流、保养周期、厂家联系方式	

序号	工程对象	属性信息要求	备注
10	人防区内电话插座	品牌、型号、生产厂商、出厂日期、安装日期、安装单位、使用年限、额定功率、额定电压、额定电流、保养周期、厂家联系方式	
11	人防区内温感烟感探测器	品牌、型号、生产厂商、出厂日期、安装日期、安装单位、使用年限、额定功率、额定电压、额定电流、保养周期、厂家联系方式	
12	人防区内弱电安防设备	品牌、型号、生产厂商、出厂日期、安装日期、安装单位、使用年限、额定功率、额定电压、额定电流、保养周期、厂家联系方式	包含广播喇叭、摄像头、入侵探测器、电控锁
13	人防区内火灾报警设备	品牌、型号、生产厂商、出厂日期、安装日期、安装单位、使用年限、额定功率、额定电压、额定电流、保养周期、厂家联系方式	包含火灾探测器、消防专用电话、手动报警按钮、消火栓起泵按钮、声光报警器等
14	人防区内各类开关	品牌、型号、生产厂商、出厂日期、安装日期、安装单位、使用年限、额定功率、额定电压、额定电流、保养周期、厂家联系方式	

附录C 人防BIM模型元素精细度等级

表C.1 建筑专业模型元素几何表达精度等级

信息分类	序号	工程对象	阶段			
			SS	JG	PZ	YW
几何信息	1	场地				
		人防工程范围	G3	G3	G3	G3
		人防主要出入口	G3	G3	G3	G3
		人防次要出入口	G3	G3	G3	G3
		人防预留联通口	G3	G3	G3	G3
		人防专用楼梯	G3	G3	G3	G3
		人防主口楼梯	G3	G3	G3	G3
		人防主口坡道	G3	G3	G3	G3
	2	建筑构件				
		混凝土防倒塌棚架	G3	G3	G3	G3
		砖墙	G3	G3	G3	G3
		防护密闭门	G3	G3	G3	G3
		密闭门	G3	G3	G3	G3
		悬板活门	G3	G3	G3	G3
		普通门	G3	G3	G3	G3
		防火门	G3	G3	G3	G3
		防洪挡板	G3	G3	G3	G3
		防堵格栅	G3	G3	G3	G3
		防爆波电缆井	G3	G3	G3	G3
		洗消集水井	G3	G3	G3	G3
		油管接头井	G3	G3	G3	G3

信息分类	序号	工程对象	阶段			
			SS	JG	PZ	YW
几何信息	3	人防空间				
		防毒通道	G3	G3	G3	G3
		密闭通道	G3	G3	G3	G3
		扩散室	G3	G3	G3	G3
		滤毒室	G3	G3	G3	G3
		除尘室	G3	G3	G3	G3
		淋浴间	G3	G3	G3	G3
		穿衣间	G3	G3	G3	G3
		脱衣间	G3	G3	G3	G3
		战时排风机房	G3	G3	G3	G3
		战时进风机房	G3	G3	G3	G3
		防化器材储藏室	G3	G3	G3	G3
		防化通信值班室	G3	G3	G3	G3
		人防电站	G3	G3	G3	G3
		储油间	G3	G3	G3	G3
		电站控制室	G3	G3	G3	G3
		人防风井	G3	G3	G3	G3
		集气室	G3	G3	G3	G3
		防护单元	G3	G3	G3	G3
		抗爆单元	G3	G3	G3	G3
		干厕	G3	G3	G3	G3
		厕所	G3	G3	G3	G3
		医疗用房	G3	G3	G3	G3
		单元间联通口	G3	G3	G3	G3
		战时供水泵房	G3	G3	G3	G3

信息分类	序号	工程对象	阶段			
			SS	JG	PZ	YW
几何信息	3	战时排水泵房	G3	G3	G3	G3
		空调冷却水泵房	G3	G3	G3	G3
		电站冷却水泵房	G3	G3	G3	G3
	4	人防主要标识牌				
		民防工程标识牌	G3	G3	G3	G3
		民防工程指示牌	G3	G3	G3	G3
		民防工程人员掩蔽导引图	G3	G3	G3	G3
		民防工程概况及示意图	G3	G3	G3	G3
		战时主要出入口	G3	G3	G3	G3
		战时次要出入口	G3	G3	G3	G3
		防护单元示意图	G3	G3	G3	G3
		人防墙体标识	G3	G3	G3	G3
		禁停限停区标识	G3	G3	G3	G3
	5	平战功能转换				
		干厕便桶			G3	G3
		干厕隔墙			G3	G3
		抗爆挡墙			G3	G3
		医疗救护工程轻质板材或其他成品材料			G3	G3
		装配式防倒塌棚架			G3	G3
		战时沙袋和堆土			G3	G3
		战时人防门密封胶封堵			G3	G3
		战时拆除对人防有影响的平时防火门、防火卷帘			G3	G3
		战时移除影响人防门的坡道板			G3	G3

续表C.1

信息分类	序号	工程对象	阶段			
			SS	JG	PZ	YW
几何信息	5	活门槛临战安装			G3	G3
		战时拆除对人防有影响的机械车位			G3	G3
		战时安装标识标牌			G3	G3

表C.2 建筑专业模型元素属性表达深度等级

信息分类	序号	工程对象	阶段			
			SS	JG	PZ	YW
属性信息	1	项目基本信息				
		1.1 项目名称	N1	N1	N1	N1
		1.2 地理区位	N1	N1	N1	N1
		1.3 项目概况[1]	N1	N1	N1	N1
	2	平时功能与等级基本信息				
		2.1 平时用途	N1	N1	N1	N1
		2.2 防火等级	N1	N1	N1	N1
		2.3 防水等级	N1	N1	N1	N1
		2.4 节能设计标准	N1	N1	N1	N1
	3	战时功能与等级基本信息				
		3.1 战时用途	N1	N1	N1	N1
		3.2 人防类别	N1	N1	N1	N1
		3.3 防护等级	N1	N1	N1	N1
		3.4 防化等级	N1	N1	N1	N1
	4	平时功能基本参数信息				
		4.1 建筑面积	N2	N2	N2	N2
		4.2 建筑层高、净高、层数	N2	N2	N2	N2
	5	战时功能基本参数信息				
		5.1 防护单元数量	N2	N2	N2	N2

信息分类	序号	工程对象	阶段			
			SS	JG	PZ	YW
属性信息	5	5.2 防护单元掩蔽人数	N2	N2	N2	N2
		5.3 防护单元建筑面积、人防有效面积、掩蔽面积等	N2	N2	N2	N2
		5.4 抗爆单元数量	N2	N2	N2	N2
		5.5 抗爆单元建筑面积	N2	N2	N2	N2
	6	出入口基本参数信息				
		6.1 人员出入口形式、数量	N2	N2	N2	N2
		6.2 通风竖井形式、数量	N2	N2	N2	N2
	7	战时功能细化参数信息				
		7.1 掩蔽人员数量	N2	N3	N3	N4
		7.2 掩蔽物资类型	N2	N3	N3	N4
		7.3 掩蔽车辆类型、数量	N2	N3	N3	N4
		7.4 人防电站类型、数量	N2	N3	N3	N4
		7.5 疏散宽度	N2	N3	N3	N4
	8	防护设备门窗参数信息				
		8.1 防护设备的数量	N2	N3	N3	N4
		8.2 防护设备的规格	N2	N3	N3	N4
		8.3 防护设备的型号	N2	N3	N3	N4
		8.4 防护设备的材料	N2	N3	N3	N4
	9	非防护设备门窗参数信息				
		9.1 门窗的数量	N2	N3	N3	N4
		9.2 门窗的等级[2]	N2	N3	N3	N4
		9.3 门窗的形式	N2	N3	N3	N4
		9.4 门窗的材料	N2	N3	N3	N4
	10	人防工程建筑材料及施工工艺信息				
		10.1 楼地面	N2	N3	N3	N4

信息分类	序号	工程对象	阶段			
			SS	JG	PZ	YW
属性信息	10	10.2 内墙面	N2	N3	N3	N4
		10.3 顶棚	N2	N3	N3	N4
		10.4 设备机房隔声、减噪	N2	N3	N3	N4
		10.5 地下工程防水	N2	N3	N3	N4
	11	人防工程建筑构造信息				
		11.1 洗消集水井	N2	N3	N3	N4
		11.2 防堵格栅	N2	N3	N3	N4
		11.3 排水沟	N2	N3	N3	N4
		11.4 竖井爬梯	N2	N3	N3	N4
		11.5 战时水箱基础	N2	N3	N3	N4
	12	人防预留孔洞基本信息[3]和施工工艺				
		12.1 穿墙、板水管套管	N2	N3	N3	N4
		12.2 穿墙、板风管套管	N2	N3	N3	N4
		12.3 穿墙、板电缆套管	N2	N3	N3	N4
		12.4 备用套管	N2	N3	N3	N4
	13	平战功能转换工作量表统计基本信息				
		13.1 战时干厕的数量、形式、材料		N3	N3	N4
		13.3 抗爆挡墙的数量、形式、材料		N3	N3	N4
		13.4 临战封堵的数量、形式、材料		N3	N3	N4
		13.5 临战时平战功能转换房间的数量、临战时平战功能转换墙体的形式、材料		N3	N3	N4
	14	平战功能转换实施过程模拟信息[4]			N3	N4
	15	采购设备信息				
		15.1 供应商		N3		N4
		15.2 性能		N3		N4
		15.3 型号规格		N3		N4

信息分类	序号	工程对象	阶段			
			SS	JG	PZ	YW
属性信息	15	15.4 数量		N3		N4
		15.5 安装资料		N3		N4
		15.6 合格证		N3		N4
		15.7 售后服务承诺书		N3		N4
		15.8 设备的维护、维修、更换信息		N3		N4
		15.9 其他		N3		N4
	16	建筑专业竣工信息				
		16.1 联合审查合格书		N3		N3
		16.2 图纸会审设计交底纪要		N3		N3
		16.3 技术核定单		N3		N3
		16.4 设计修改通知单		N3		N3
		16.5 竣工图纸		N3		N3
		16.6 设备质量合格证明书		N3		N3
		16.7 验收报告		N3		N3
		16.8 竣工报告		N3		N3

注:1 项目概况包括容积率、建筑密度、覆土厚度等。
  2 门窗的等级指防火门的防火等级。
  3 基本信息包括数量、规格、材质等信息。
  4 平战功能转换实施过程模拟信息包括临战封堵、临战拆除、临战加柱、人防工程战时抗爆隔墙砌筑、战时干厕隔墙砌筑、战时水箱快速安装等模拟信息。

表C.3 结构专业模型元素几何表达精度等级

信息分类	序号	工程对象	阶段			
			SS	JG	PZ	YW
几何信息	1	地基基础				
		基础	G3	G3	G3	G3
		桩	G3	G3	G3	G3

信息分类	序号	工程对象	阶段			
			SS	JG	PZ	YW
几何信息	2	混凝土结构				
		梁	G3	G3	G3	G3
		板	G3	G3	G3	G3
		柱	G3	G3	G3	G3
		墙[1]	G3	G3	G3	G3
		楼梯	G3	G3	G3	G3
		坡道	G3	G3	G3	G3
	3	钢结构				
		钢柱	G3	G3	G3	G3
		防倒塌棚架	G3	G3	G3	G3
	4	其他结构				
		结构孔洞	G3	G3	G3	G3
		预埋件	G3	G3	G3	G3
		人防门吊钩	G3	G3	G3	G3
		设备基础	G3	G3	G3	G3
		集水井	G3	G3	G3	G3
	5	平战功能转换				
		后加柱			G3	G3
		临战封堵[2]所需构件			G3	G3
		临战需拆除的构件			G3	G3

注:1 墙包括人防外墙、临空墙、防护单元隔墙、门框墙、密闭墙、人防内墙等。

　　2 临战封堵从性质上分为人防内外与人防单元之间。

表 C.4 结构专业模型元素属性表达深度等级

信息分类	序号	工程对象	阶段			
			SS	JG	PZ	YW
属性信息	1	项目的结构基本信息				
		1.1 设计使用年限	N1	N1	N1	N1
		1.2 抗震设防烈度	N1	N1	N1	N1
		1.3 抗震等级	N1	N1	N1	N1
		1.4 设计地震分组	N1	N1	N1	N1
		1.5 场地类别	N1	N1	N1	N1
		1.6 结构安全等级	N1	N1	N1	N1
		1.7 结构体系	N1	N1	N1	N1
		1.8 结构层高、层数	N1	N1	N1	N1
		1.9 基础类型	N1	N1	N1	N1
		1.10 人防防护类别及抗力等级	N1	N1	N1	N1
	2	构件材质信息				
		2.1 混凝土强度等级	N2	N2	N2	N2
		2.2 混凝土抗渗等级	N2	N2	N2	N2
		2.3 钢筋及钢材强度等级	N2	N2	N2	N2
	3	结构荷载信息				
		3.1 覆土厚度	N2	N2	N2	N2
		3.2 永久荷载	N2	N2	N2	N2
		3.3 楼面活荷载	N2	N2	N2	N2
		3.4 人防等效静荷载	N2	N2	N2	N2
	4	防火、防腐蚀信息	N2	N3	N3	N4
	5	结构构造信息				
		5.1 耐久性要求	N2	N2	N2	N2
		5.2 保护层厚度	N2	N3	N3	N3
		5.3 钢筋锚固和连接要求	N2	N3	N3	N3
		5.4 配筋率要求	N2	N3	N3	N3

续表C.4

信息分类	序号	工程对象	阶段			
			SS	JG	PZ	YW
属性信息	6	结构配筋信息				
		6.1 梁、板、柱配筋信息	N2	N3	N3	N3
		6.2 墙配筋信息[1]	N2	N3	N3	N3
		6.3 基础、桩配筋信息	N2	N3	N3	N3
		6.4 防倒塌棚架配筋信息	N2	N3	N3	N3
		6.5 楼梯、坡道配筋信息	N2	N3	N3	N3
	7	平战功能转换实施过程模拟信息[2]			N3	N4
	8	结构专业竣工信息				
		8.1 联合审查合格书		N3		N3
		8.2 图纸会审设计交底纪要		N3		N3
		8.3 技术核定单		N3		N3
		8.4 设计修改通知单		N3		N3
		8.5 竣工图纸(包括桩位竣工图)		N3		N3
		8.6 地基验槽记录		N3		N3
		8.7 验收报告		N3		N3
		8.8 竣工报告		N3		N3

注：1 墙包括人防外墙、临空墙、防护单元隔墙、门框墙、密闭墙、人防内墙等。
　　2 平战功能转换实施过程模拟信息包括临战封堵、临战拆除、临战加柱、人防工程战时抗爆隔墙砌筑、战时干厕隔墙砌筑、战时水箱快速安装等模拟信息。

表C.5 暖通专业模型元素几何表达精度等级

信息分类	序号	工程对象	阶段			
			SS	JG	PZ	YW
几何信息	1	进风系统				
		进风悬板活门	G3	G3	G3	G3
		油网滤尘器	G3	G3	G3	G3
		油网滤尘器压差测量管	G3	G3	G3	G3

信息分类	序号	工程对象	阶段			
			SS	JG	PZ	YW
几何信息	1	过滤吸收器	G3	G3	G3	G3
		过滤吸收器压差测量管	G3	G3	G3	G3
		空气放射性测量管	G3	G3	G3	G3
		尾气监测取样管	G3	G3	G3	G3
		气密测量管	G3	G3	G3	G3
		换气堵头	G3	G3	G3	G3
		洗消堵头	G3	G3	G3	G3
		自动监测取样管	G3	G3	G3	G3
		工程超压测压装置	G3	G3	G3	G3
		增压管	G3	G3	G3	G3
		风量测量装置	G3	G3	G3	G3
		清洁式送风机	G3	G3	G3	G3
		滤毒式送风机	G3	G3	G3	G3
		送风百叶风口	G3	G3	G3	G3
		防火风口	G3	G3	G3	G3
		清洁式送风管	G3	G3	G3	G3
		滤毒式送风管	G3	G3	G3	G3
		清洁区送风管	G3	G3	G3	G3
	2	排风系统				
		排风悬板活门	G3	G3	G3	G3
		超压排气活门	G3	G3	G3	G3
		排风机	G3	G3	G3	G3
		排风百叶风口	G3	G3	G3	G3
		换气扇	G3	G3	G3	G3
		口部排风管	G3	G3	G3	G3

信息分类	序号	工程对象	阶段			
			SS	JG	PZ	YW
几何信息	2	清洁区排风管	G3	G3	G3	G3
	3	电站进风系统				
		进风悬板活门	G3	G3	G3	G3
		防爆送风机	G3	G3	G3	G3
		口部进风管	G3	G3	G3	G3
		送风管	G3	G3	G3	G3
		油网滤尘器	G3	G3	G3	G3
		油网滤尘器压差测量管	G3	G3	G3	G3
		加湿器				
	4	电站排风、机组排烟系统				
		排风悬板活门	G3	G3	G3	G3
		排烟悬板活门	G3	G3	G3	G3
		防爆排风机	G3	G3	G3	G3
		防火风口	G3	G3	G3	G3
		机组排风导管	G3	G3	G3	G3
		机组排烟管	G3	G3	G3	G3
		排烟波纹管	G3	G3	G3	G3
		排烟管保温层	G3	G3	G3	G3
		口部排风管	G3	G3	G3	G3
		排风管	G3	G3	G3	G3
	5	空调系统				
		空调机组	G3	G3	G3	G3
		冷热源设备	G3	G3	G3	G3
		新风机组	G3	G3	G3	G3
		风机盘管机组	G3	G3	G3	G3

信息分类	序号	工程对象	阶段			
			SS	JG	PZ	YW
几何信息	5	冷冻水泵				
		定压装置	G3	G3	G3	G3
		补水泵	G3	G3	G3	G3
		加药装置	G3	G3	G3	G3
		软化水箱	G3	G3	G3	G3
		压差旁通装置	G3	G3	G3	G3
		中效过滤器	G3	G3	G3	G3
		空调冷冻水供水管	G3	G3	G3	G3
		空调冷冻水回水管	G3	G3	G3	G3
		空调送风管	G3	G3	G3	G3
	6	风管附件				
		手动密闭阀门	G3	G3	G3	G3
		手、电动两用密闭阀门	G3	G3	G3	G3
		风管蝶阀				
		手动对开式多叶调节阀	G3	G3	G3	G3
		电动对开式多叶调节阀	G3	G3	G3	G3
		消声器	G3	G3	G3	G3
		插板阀	G3	G3	G3	G3
		止回阀	G3	G3	G3	G3
		防火阀	G3	G3	G3	G3
		防火调节阀	G3	G3	G3	G3
	7	支吊架				
		水管支吊架	G3	G3	G3	G3
		风管支吊架	G3	G3	G3	G3
	8	套管及留洞				
		密闭套管	G3	G3	G3	G3

续表C. 5

信息分类	序号	工程对象	阶段			
			SS	JG	PZ	YW
几何信息	8	防水套管	G3	G3	G3	G3
		柔性防水套管	G3	G3	G3	G3
		普通钢套管	G3	G3	G3	G3
	9	平战功能转换				
		口部毒剂报警器探头			G3	G3
		口部毒剂报警器主机			G3	G3
		口部毒剂报警器光纤转换器			G3	G3
		口部毒剂报警器主机通讯线缆			G3	G3
		空气质量监测仪			G3	G3
		空气放射性监测仪			G3	G3
		空气染毒监测仪			G3	G3
		临战关闭的通风阀门			G3	G3
		临战拆除的平时风管			G3	G3
		临战关闭的水管阀门			G3	G3

表C. 6 暖通专业模型元素属性表达深度等级

信息分类	序号	工程对象	阶段			
			SS	JG	PZ	YW
属性信息	1	系统选用方式及相关参数				
		1.1 平时用途	N2	N2	N2	N2
		1.2 战时用途	N2	N2	N2	N2
		1.3 各系统设置	N2	N2	N2	N2
		1.4 冷热源	N2	N2	N2	N2
		1.5 风量标准及计算结果	N2	N2	N2	N2
		1.6 温湿度要求及计算结果	N2	N2	N2	N2
		1.7 平时使用人数	N2	N2	N2	N2

信息分类	序号	工程对象	阶段			
			SS	JG	PZ	YW
属性信息	1	1.8 防火分区数量	N2	N2	N2	N2
		1.9 防烟分区数量	N2	N2	N2	N2
		1.10 战时掩蔽人数	N2	N2	N2	N2
		1.11 防护类别	N2	N2	N2	N2
		1.12 抗力级别	N2	N2	N2	N2
		1.13 防化等级	N2	N2	N2	N2
		1.14 防护单元数量	N2	N2	N2	N2
		1.15 隔绝防护时间	N2	N2	N2	N2
		1.16 最小防毒通道换气次数	N2	N2	N2	N2
		1.17 滤毒室换气次数	N2	N2	N2	N2
	2	设备的要求				
		2.1 减噪措施	N2	N3	N2	N4
		2.2 防潮、卫生	N2	N3	N2	N4
		2.3 防火	N2	N3	N2	N4
		2.4 节能与环保	N2	N3	N2	N4
	3	所有设备信息				
		3.1 型号规格	N2	N3	N3	N4
		3.2 性能数据	N2	N3	N3	N4
		3.3 功率	N2	N3	N3	N4
		3.4 数量	N2	N3	N3	N4
	4	所有系统信息				
		4.1 数据	N2	N2	N2	N2
		4.2 系统操作表	N2	N2	N2	N2
	5	管道信息				
		5.1 管材	N2	N3	N3	N4

续表C.6

信息分类	序号	工程对象	阶段			
			SS	JG	PZ	YW
属性信息	5	5.2 保温信息（材料、厚度）	N2	N3	N3	N4
		5.3 连接方式	N2	N3	N3	N4
	6	设备、管道安装方法	N2	N3	N3	N4
	7	平战功能转换实施过程模拟信息[1]			N3	N4
	8	采购设备详细信息				
		8.1 供应商		N3		N4
		8.2 性能		N3		N4
		8.3 型号规格		N3		N4
		8.4 数量		N3		N4
		8.5 安装资料		N3		N4
		8.6 合格证		N3		N4
		8.7 售后服务承诺书		N3		N4
		8.8 其他		N3		N4
	9	暖通专业竣工信息				
		9.1 联合审查合格书		N3		N3
		9.2 图纸会审设计交底纪要		N3		N3
		9.3 技术核定单		N3		N3
		9.4 设计修改通知单		N3		N3
		9.5 竣工图纸		N3		N3
		9.6 产品质量合格证明书		N3		N3
		9.7 验收报告		N3		N3
		9.8 系统检测调试报告		N3		N3
		9.9 竣工报告		N3		N3
		9.10 其他		N3		N3

续表C.6

信息分类	序号	工程对象	阶段			
			SS	JG	PZ	YW
属性信息	10	设备管理信息				
		10.1 产品使用说明书		N3		N4
		10.2 系统操作要求		N3		N4

注：平战功能转换实施过程模拟信息为拆除穿越防护单元临空墙、密闭墙的平时风管、水管、战时通风需关闭的通风机和阀门、平时风井处的防护密闭门和密闭门等转换方案模拟信息。

表 C.7 给排水专业模型元素几何表达精度等级

信息分类	序号	工程对象	阶段			
			SS	JG	PZ	YW
几何信息	1	供水系统				
		给水泵	G3	G3	G3	G3
		饮用水箱	G3	G3	G3	G3
		生活水箱	G3	G3	G3	G3
		洗消水箱	G3	G3	G3	G3
		气压罐	G3	G3	G3	G3
		热水器	G3	G3	G3	G3
		给水管	G3	G3	G3	G3
		热水管	G3	G3	G3	G3
		供水水箱附属设施	G3	G3	G3	G3
		其他储水装置	G3	G3	G3	G3
	2	排水系统				
		排水泵	G3	G3	G3	G3
		重力废水排水管	G3	G3	G3	G3
		重力污水排水管	G3	G3	G3	G3
		洗消排水管	G3	G3	G3	G3
		压力废水排水管	G3	G3	G3	G3

续表C.7

信息分类	序号	工程对象	阶段			
			SS	JG	PZ	YW
几何信息	2	压力污水排水管	G3	G3	G3	G3
	3	空调冷却水系统				
		空调冷却水循环泵	G3	G3	G3	G3
		空调冷却水水池(箱)	G3	G3	G3	G3
		室外冷却塔	G3	G3	G3	G3
		空调冷却水供水管	G3	G3	G3	G3
		空调冷却水回水管	G3	G3	G3	G3
		冷却水水池(箱)附属设施	G3	G3	G3	G3
	4	电站冷却水系统				
		电站冷却水循环泵	G3	G3	G3	G3
		电站冷却水供水泵	G3	G3	G3	G3
		电站冷却水水池(箱)	G3	G3	G3	G3
		电站冷却水供水管	G3	G3	G3	G3
		电站冷却水回水管	G3	G3	G3	G3
		电站冷却水水池(箱)附属设施	G3	G3	G3	G3
	5	电站供油系统				
		供油泵	G3	G3	G3	G3
		储油箱	G3	G3	G3	G3
		日用油箱	G3	G3	G3	G3
		室外油接头井	G3	G3	G3	G3
		油桶	G3	G3	G3	G3
		油箱附属设施	G3	G3	G3	G3
	6	水管管件				
		弯头	G3	G3	G3	G3
		三通	G3	G3	G3	G3

信息分类	序号	工程对象	阶段			
			SS	JG	PZ	YW
几何信息	6	四通	G3	G3	G3	G3
		过渡件	G3	G3	G3	G3
		接头	G3	G3	G3	G3
		法兰	G3	G3	G3	G3
	7	水管附件				
		防护闸阀	G3	G3	G3	G3
		防护信号阀	G3	G3	G3	G3
		阀门	G3	G3	G3	G3
		洗消水嘴	G3	G3	G3	G3
		水嘴	G3	G3	G3	G3
		真空破坏器	G3	G3	G3	G3
		计量表	G3	G3	G3	G3
		补偿管道伸缩和剪切变形装置	G3	G3	G3	G3
		倒流防止器	G3	G3	G3	G3
		温控阀	G3	G3	G3	G3
		防爆波清扫口	G3	G3	G3	G3
		防爆地漏	G3	G3	G3	G3
		普通地漏	G3	G3	G3	G3
		清扫口	G3	G3	G3	G3
		管道仪表	G3	G3	G3	G3
		止回阀	G3	G3	G3	G3
		球阀	G3	G3	G3	G3
		闸阀	G3	G3	G3	G3
		止回阀	G3	G3	G3	G3
		软接头	G3	G3	G3	G3

信息分类	序号	工程对象	阶段			
			SS	JG	PZ	YW
几何信息	8	套管及留洞				
		密闭套管	G3	G3	G3	G3
		刚性防水套管	G3	G3	G3	G3
		柔性防水套管	G3	G3	G3	G3
		普通钢套管	G3	G3	G3	G3
	9	支吊架				
		水管支吊架	G3	G3	G3	G3
	10	平战功能转换				
		战时水箱及附属设施			G3	G3
		洗消用淋浴器			G3	G3
		洗消用加热设备			G3	G3
		压力供水装置			G3	G3
		油桶			G3	G3
		其他临战安装水设备			G3	G3

表 C.8　给排水专业模型元素属性表达深度等级

信息分类	序号	工程对象	阶段			
			SS	JG	PZ	YW
属性信息	1	系统选用方式及相关参数信息				
		1.1 市政给水管网压力、管径,室外排水方式	N2	N2	N2	N2
		1.2 平时用途、战时用途、防护单元数量	N2	N2	N2	N2
		1.3 战时掩蔽人数、平时设计人数	N2	N2	N2	N2
		1.4 用水量标准、战时水箱储水时间	N2	N2	N2	N2
		1.5 消防参数	N2	N2	N2	N2

续表C.8

信息分类	序号	工程对象	阶段			
			SS	JG	PZ	YW
属性信息	1	1.6 其他给排水参数	N2	N2	N2	N2
	2	设备的需求信息				
		2.1 隔声、减震措施	N2	N2	N2	N2
		2.2 防结露	N2	N2	N2	N2
		2.3 防火	N2	N2	N2	N2
		2.4 环保节能	N2	N2	N2	N2
	3	所有设备信息				
		3.1 设备功率	N2	N3	N3	N4
		3.2 性能数据(扬程、流量)	N2	N3	N3	N4
		3.3 型号规格	N2	N3	N3	N4
		3.4 数量	N2	N3	N3	N4
	4	所有系统信息				
		4.1 各系统管道数量统计	N2	N3	N3	N4
		4.2 系统操作要求	N2	N3	N3	N4
	5	管道信息				
		5.1 管材	N2	N3	N3	N4
		5.2 保温信息(材料、厚度)	N2	N3	N3	N4
		5.3 连接方式	N2	N3	N3	N4
	6	设备、管道安装方法	N2	N3	N3	N4
	7	战时安装设备信息[1]		N3		N4
	8	平战功能转换实施过程模拟信息[2]		N3		N4
	9	采购设备详细信息				
		9.1 供应商		N3		N4
		9.2 性能		N3		N4
		9.3 型号规格		N3		N4

续表C. 8

信息分类	序号	工程对象	阶段			
			SS	JG	PZ	YW
属性信息	9	9.4 数量		N3		N4
		9.5 安装资料		N3		N4
		9.6 合格证		N3		N4
		9.7 售后服务承诺书		N3		N4
		9.8 其他		N3		N4
	10	给排水专业竣工信息				
		10.1 联合审查合格书		N3		N3
		10.2 图纸会审设计交底纪要		N3		N3
		10.3 技术核定单		N3		N3
		10.4 设计修改通知单		N3		N3
		10.5 竣工图纸		N3		N3
		10.6 人防设备管道质量合格证明书		N3		N3
		10.7 验收报告		N3		N3
		10.8 系统调试报告		N3		N3
		10.9 竣工报告		N3		N3
	11	设备管理信息				
		11.1 产品使用说明书		N3		N4
		11.2 系统操作要求		N3		N4

注:1 战时安装设备包括战时水箱及附属设施、淋浴器、加热设备等其他临战安装水设备。

　　2 平战功能转换实施过程模拟信息指六级人防战时水箱快速安装、淋浴器和加热设备快速安装等模拟信息。

表C.9 电气专业模型元素几何表达精度等级

信息分类	序号	工程对象	阶段			
			SS	JG	PZ	YW
几何信息	1	供配电				
		变压器	G3	G3	G3	G3
		发电机	G3	G3	G3	G3
		高压柜	G3	G3	G3	G3
		低压配电柜	G3	G3	G3	G3
		配电箱	G3	G3	G3	G3
		插座箱	G3	G3	G3	G3
		开关	G3	G3	G3	G3
		插座	G3	G3	G3	G3
		发电机隔室操作台	G3	G3	G3	G3
	2	建筑智能化				
		通风方式控制箱	G3	G3	G3	G3
		通风方式信号灯、箱	G3	G3	G3	G3
		战时呼唤按钮	G3	G3	G3	G3
		电话插座	G3	G3	G3	G3
		战时电话接线箱	G3	G3	G3	G3
		弱电插座	G3	G3	G3	G3
	3	人防物联				
		物联主机	G3	G3	G3	G3
		浸水传感器	G3	G3	G3	G3
		空气质量传感器	G3	G3	G3	G3
	4	支吊架				
		桥架支吊架	G3	G3	G3	G3
		其他支吊架	G3	G3	G3	G3
	5	套管及留洞				

信息分类	序号	工程对象	阶段			
			SS	JG	PZ	YW
几何信息	5	密闭套管	G3	G3	G3	G3
		普通钢套管	G3	G3	G3	G3
	6	线缆				
		电缆	G3	G3	G3	G3
	7	指挥通信				
		计算机	G3	G3	G3	G3
		服务器	G3	G3	G3	G3
		程控交换机	G3	G3	G3	G3
		路由器	G3	G3	G3	G3
		网络交换机	G3	G3	G3	G3
		800M固定台	G3	G3	G3	G3
		800M手持台	G3	G3	G3	G3
		800M室外天线	G3	G3	G3	G3
		800M集群室内信号分布系统	G3	G3	G3	G3
		400M固定台	G3	G3	G3	G3
		400M手持台	G3	G3	G3	G3
		400M室外天线	G3	G3	G3	G3
		400M集群室内信号分布系统	G3	G3	G3	G3
		配线架	G3	G3	G3	G3
		显示屏	G3	G3	G3	G3
		硬盘录像机	G3	G3	G3	G3
		室内监控摄像机	G3	G3	G3	G3
		室外监控摄像机	G3	G3	G3	G3
	8	平战功能转换				
		人防预埋套管			G3	G3

信息分类	序号	工程对象	阶段			
			SS	JG	PZ	YW
几何信息	8	战时区域电源			G3	G3
		战时 EPS			G3	G3

表C. 10　电气专业模型元素属性表达深度等级

信息分类	序号	工程对象	阶段			
			SS	JG	PZ	YW
属性信息	1	设计依据及系统选择				
		1.1 系统概述	N2	N2	N2	N2
		1.2 供电形式	N2	N2	N2	N2
		1.3 负荷计算结果	N2	N2	N2	N2
	2	设备的主要参数				
		2.1 工作参数	N2	N3	N3	N4
		2.2 材质	N2	N3	N3	N4
		2.3 强度等级	N2	N3	N3	N4
		2.4 安装方式	N2	N3	N3	N4
		2.5 布线方式	N2	N3	N3	N4
	3	主要设备统计信息	N2	N3	N3	N4
	4	平战功能转换实施过程模拟信息			N3	N4
	5	采购设备详细信息				
		5.1 供应商		N3		N4
		5.2 性能		N3		N4
		5.3 型号规格		N3		N4
		5.4 数量		N3		N4
		5.5 安装资料		N3		N4
		5.6 合格证		N3		N4
		5.7 售后服务承诺书		N3		N4

信息分类	序号	工程对象	阶段			
			SS	JG	PZ	YW
属性信息	5	5.8 其他		N3		N4
	6	电气专业竣工信息				
		6.1 联合审查合格书		N3		N3
		6.2 图纸会审设计交底纪要		N3		N3
		6.3 技术核定单		N3		N3
		6.4 设计修改通知单		N3		N3
		6.5 竣工图纸		N3		N3
		6.6 产品质量合格证明书		N3		N3
		6.7 验收报告		N3		N3
		6.8 系统检测调试报告		N3		N3
		6.9 竣工报告		N3		N3
		6.10 其他		N3		N3
	7	设备管理信息				
		7.1 产品使用说明		N3		N4
		7.2 系统操作要求		N3		N4

本标准用词说明

1 为便于在执行本标准条文时区别对待,对要求严格程度不同的用词说明如下:

    1) 表示很严格,非这样做不可的用词:

        正面词采用"必须";

        反面词采用"严禁"。

    2) 表示严格,在正常情况下均应这样做的用词:

        正面词采用"应";

        反面词采用"不应"或"不得"。

    3) 表示允许稍有选择,在条件许可时首先应这样做的用词:

        正面词采用"宜";

        反面词采用"不宜"。

    4) 表示有选择,在一定条件下可以这样做的用词,采用"可"。

2 条文中指明应按其他有关标准执行时的写法为"应符合……的规定"或"应按……执行"。

引用标准名录

1 《信息分类和编码的基本原则与方法》GB/T 7027
2 《信息安全技术 网络安全等级保护定级指南》
 GB/T 22240
3 《建筑信息模型施工应用标准》GB/T 51235
4 《建筑信息模型分类和编码标准》GB/T 51269
5 《建筑信息模型设计交付标准》GB/T 51301
6 《建筑信息模型存储标准》GB/T 51447
7 《建筑工程设计信息模型制图标准》JGJ/T 448
8 《建筑信息模型技术应用统一标准》DG/TJ 08—2201
9 《民防工程平战功能转换技术标准》DG/TJ 08—2429
10 《建筑信息模型数据交换标准》DG/TJ 08—2443

标准上一版本编写者信息

DG/TJ 08—2206—2016

主 编 单 位：上海市地下空间设计研究总院有限公司
参 编 单 位：上海市民防监督管理处
华东建筑设计研究院有限公司
上海市民防地基勘察院有限公司
主要起草人：滕　丽　辛佐先　高福桂　李建光　冯　星
陈振丽　刘　澜　张汉曹　曹　震　陆文良
高文堃　梁　炜　赵佳慧　任夏杨　赵寒青
段创峰　郦振中　巴雅吉乎　　　钱　锦
乔　峰　何　晓　牛　涛　顾沉颖　石　磊
董　震　许铮铭　王　欢　陈　琦

上海市工程建设规范

建筑信息模型技术应用标准
（人防工程）

DG/TJ 08—2206—2024
J 13472—2024

条文说明

2024　上海

目　次

Contents

1 总 则

1.0.2 上海市建筑信息模型标准体系,是上海市针对BIM应用推广制定的标准蓝图,跟随技术发展和业务需求不断更新和充实,本标准为上海市建筑信息模型标准体系中的人防工程专用标准,规定了本市人防工程的BIM应用方向与标准,专用标准未明确的内容应符合上海市BIM通用标准的规定。上海市BIM标准体系框架见图1。

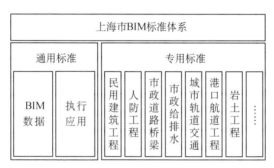

图1 上海市BIM标准体系框架

1.0.3 本标准为上海市建筑信息模型标准体系中的人防工程专项标准,规定了建筑信息模型在人防工程专项领域内的具体应用。上海市建筑信息模型标准体系的母标准是《建筑信息模型技术应用统一标准》DG/TJ 08—2201及《建筑信息模型数据交换标准》DG/TJ 08—2443,母标准规定了上海市BIM技术应用的BIM数据和执行应用的标准要求,本标准参照母标准编制。

3 基本规定

3.0.1 人防 BIM 按工程实施阶段主要可划分为设计、施工、运维及平战功能转换实施。规划阶段人防涉及内容较少,可根据项目实际情况决定是否采用建筑信息模型技术,可按统一标准执行,本标准不作特殊规定。

3.0.2 人防工程,作为专项建设项目,有时会与民用建筑融为一体。这样的设计要求人防工程既要满足平时功能,也要适应战时需求。人防工程的外部构件,尤其是那些影响其正常运行的部分,如人防门的开启范围,必须特别注意。这些构件不得有任何遮挡或影响使用。这些关键部分和人防工程紧密相关,必须在人防 BIM 中得到体现。此外,这些工程对象的构筑需要根据项目实施策划的要求实施,并可按本市对应的专项标准要求实施。

3.0.4 人防 BIM 的 BIM 数据与应用宜能对接各类行政业务系统、全市"一张图"的场景应用。应优先考虑与人防 BIM 管理系统衔接,再根据项目实际应用情况考虑与其他公用管理系统(规划咨询的行政协助平台、住建部的联审平台)的衔接。

3.0.5 随着城市建设数字化的发展,本市进一步推动数字化建设,物联网(IoT)、人工智能和大数据等新型数字信息技术可被人防工程所使用。建筑信息模型作为基础信息数据,这些新技术在应用时需要对接或利用人防工程建筑信息模型的数据信息,同时应满足本标准的要求。

4 BIM 数据

4.2 分类编码

4.2.2 人防 BIM 分类及编码的建立基于现行国家标准《信息分类和编码的基本原则和方法》GB/T 7027 和《建筑信息模型分类和编码标准》GB/T 51269 的规定建立。人防 BIM 采用 12 位标准格式,格式如下:

表代码-大类代码.中类代码.小类代码.细类代码.细类扩展码

其中,表代码固定为"14",大类代码固定为"04",中类代码、小类代码、细类代码、细类扩展码根据国标内容进行约定,具体见本标准附录 A 内容约定。代码均采用 2 位阿拉伯数字表示。

4.3 通用数据模式

4.3.1 通用数据模式的各概念层应包括下列内容:核心层数据应包含最通用的实体,每个实体应拥有全局唯一的 ID 码、所有者和历史继承信息;共享层数据应包含特定产品、过程或资源的实体;专业领域层数据应包含某个专业领域特有的产品、过程或资源的实体;资源层数据应包含全部单独的资源模式,并不应设全局唯一的 ID 码且不应脱离其他层定义的元素独立使用。

5 实施策划

5.1 一般规定

5.1.1 人防工程应有人防 BIM 专项策划。结合民用建筑建设的人防工程,民用建筑实施总体策划下应有人防工程的专项策划。人防 BIM 专项策划应明确各阶段的策划要求。

5.1.4 人防 BIM 应遵循因时制宜的原则,以单个人防工程为评价对象,针对人防工程特点,分阶段进行各种应用的成果评价。

5.2 人防 BIM 专项策划

5.2.1 通常情况下,设计阶段及施工阶段人防 BIM 专项策划宜由建设单位主导,运维阶段及平战功能转换实施阶段 BIM 专项策划宜由人防主管单位主导。

5.2.2 随着本市城市建设数字化的推进发展及建设要求,物联网(IoT)、人工智能和大数据等新型数字信息技术在人防工程中使用,在使用时需要对其具体应用、数据信息及对接方式作出规定和要求。平战结合和平战功能转换应在专项策划阶段明确具体工作内容。

5.3 人防 BIM 阶段策划

5.3.1 通常情况下,设计阶段及施工的阶段策划宜由建设单位主导,运维阶段及平战功能转换实施阶段阶段策划宜由人防主管单位主导。

5.3.2 人防工程的平战结合及平战功能转换内容在各阶段均有体现,但是各阶段具体实施深度不同,需要在各阶段的实施报告内明确。

6 协同工作

6.1 一般规定

6.1.2 在人防工程项目的实施过程中,会出现负责平时功能与战时功能的建筑信息模型由不同单位负责的情况。主导方应指定一家单位承担统筹汇总的工作,负责 BIM 的整合和融合,从而形成一个完整、统一的项目模型。

6.1.4 本标准适用的人防工程存在部分人防工程与民用建筑结合建造的情况,故在做人防工程建筑信息模型的协同管理时应包含外部与人防工程正常使用相关构件的协同工作。由于这部分构件属于普通民用建筑构筑内容,例如人防门的开启范围内的构件、管线需要穿越人防围护结构、人防工程出入口通行路线范围情况等,所以该部分的协同工作应作为重点工作内容。

6.2 工作流程

6.2.1 人防 BIM 的建设阶段是指项目的勘察设计、施工、运维、平战功能转换实施等,建设阶段流程是指在各阶段间 BIM 数据交付的相关流程。专项应用是指各阶段下的工作划分,例如各设计阶段的专项设计及其主要 BIM 应用,施工阶段的土建施工及安装施工及其主要 BIM 应用等,运维阶段的空间管理、资产管理及其主要 BIM 应用等,平战功能转换实施阶段的空间管理、平战功能转换实施管理、物料财管理及其主要 BIM 应用等。具体任务是指在各专项应用中的具体工作安排产生的 BIM 建模和 BIM 应用活动。

6.3 协同平台

6.3.3 人防工程属于专项工程,应考虑其独立管理及保密等
要求。

7 模型创建

7.2 模型精细度

7.2.2 BIM 模型精细度等级,保持与现行上海市工程建设规范《建筑信息模型技术应用统一标准》DG/TJ 08—2201 一致。人防工程模型精细度的规定,详见本标准附录 B 及附录 C。

7.3 模型要求

7.3.1 模型可以一体建立或分专项建立,但是执行的标准是一致的,按实施策划,最终由一家单位负责汇总融合,构筑完整人防 BIM。

7.3.3 表 7.3.3 中平战功能转换实施阶段是与施工阶段、运维阶段相似的独立应用阶段,但在工程其他阶段中也存在平战功能转换的内容,比如设计阶段中有平战功能转换设计,但此部分内容归属设计阶段,不属于平战功能转换实施阶段。各阶段如有平战功能转换需求,应按各阶段的应用要求执行。

8 设计阶段应用

8.1 一般规定

8.1.3 平时和战时信息应包含平战结合和平战功能转换内容。

8.1.4 人防工程位于地下,且本标准适用的人防工程存在部分人防工程与民用建筑结合建造情况。因此,人防 BIM 应包含人防内部及外部两部分。外部与人防工程正常使用相关的构件,包括人防门的开启范围内的构件、穿越人防围护结构的管线构件、人员进出人防口部的通行路线范围的构件等。应将完整构筑的人防 BIM 在设计阶段进行分析运用。

8.2 BIM 应用及成果要求

8.2.1 人防 BIM 设计阶段应包含信息模型的"读、看、用"的具体应用,并对应用要求和管理要求分别约定:

1 人防工程平时使用的功能及应用与普通民用建筑项目一致,尤其是人防区域平时需要使用时,宜以平时功能要求为主,但是平时功能不能影响人防工程的正常使用,故需要注意平时功能与战时功能的结合设计。例如,在做碰撞检查时,人防工程需要注意人防门开启范围的土建及设备安装有无影响人防门的正常启闭情况,管道设备的安装高度是否合适,战时构件位置是否有足够的空间等情况。这些因素都是与人防工程正常使用相关的构件,需要通过这些检验来确保人防工程设计的完整性和适用性。

2 完整的人防 BIM 需要将战时构筑到位的内容在设计阶段

进行体现(包含临战砌筑的防爆隔墙、干厕、水箱、密闭套管、防护阀门及相关的各专业设备和管道等),分析人防布置的合理性,在设计阶段辅助指导平战功能转换工作的有序实施。

8.2.4,8.2.5 考虑到 BIM 设计软件版本的不可逆性,设计阶段建筑信息模型的交付格式及版本要求,应在项目策划阶段征询相关接收单位的要求,以免交付时不能满足接收、审核、存储要求。具体保密要求根据项目类型在项目策划实施阶段由行业主管部门确定。

8.2.6 人防 BIM 设计阶段交付成果形式以可以完整体现项目成果为主,格式类型可以根据实际使用要求提供。交付格式可以为模型、图纸、表格文档、报告文档、图片文件、视频文件、交互式多媒体成果等。

9 施工阶段应用

9.1 一般规定

9.1.4 人防 BIM 施工阶段模型应完整表示项目竣工当时的情况,由于部分战时功能在项目竣工时可不用完全建设到位,将服务于平时功能和平战结合的人防元素模型建设到位即可,具体人防元素参见本标准附录 A。

9.2 BIM 应用及成果要求

9.2.3 影响人防工程正常使用的构件及设备设施包括建筑首层以下(含首层)及民防工程同一层面相邻的非民防区域的建筑、结构、给排水、暖通、电气等专业的模型。这些构件属于平时功能,由项目参与方根据所属专项设计确定交付深度。

9.2.4,9.2.5 考虑到 BIM 设计软件的不可逆性,人防 BIM 施工阶段建筑信息模型的交付格式及版本要求,应在项目策划阶段征询相关接收单位的要求,以免交付时不能满足接收、审核、存储要求。具体保密要求根据项目类型在项目策划实施阶段由行业主管部门确定。

9.2.6 人防 BIM 施工阶段的交付成果形式以可以完整体现项目成果为主,格式类型可以根据实际使用要求提供。交付类型可以为模型、图纸、表格文档、报告文档、图片文件、视频文件、交互式多媒体成果等。施工阶段中其他实际应用成果根据项目实际使用要求提供。

10 运维阶段应用

10.1 一般规定

10.1.2 人防 BIM 运维数据应按照行业要求和人防工程等级进行数据分类分级,不同级别运维数据在存储、推送过程中应分别采取保护措施。

10.1.3 运维阶段的模型应基于竣工模型或竣工图纸,整合设计、施工等信息,结合实际运维要求建立运维模型。运维阶段的模型应延续竣工模型的内容,包含为平时功能服务及平时安装建设到位平战结合的人防元素。

10.1.6 人防 BIM 运维管理系统属于本市人防 BIM 管理系统的组成部分,但也要考虑实际项目管理需要可以独立运行。

10.2 BIM 应用及成果要求

10.2.1 表 10.2.1 中应用场景应包含如下功能:

1 空间管理:运维阶段宜利用模型来有效管理人防空间,优化空间使用,建立标识导向等空间管理功能。

2 资产管理:宜应用运维模型实现资产清册、资产日常使用、调拨、更新管理、全生命期成本统计分析、报废评估等资产管理功能。

3 应急管理:宜应用运维模型,实现"三防"转换、灾害处理过程、设备设施故障的场景模拟与流程处置。宜包括但不限于人员疏散路线、管理人员负责区域、滤毒通道操作指引等。

4 维护管理:宜应用运维模型,实现人防设备设施运行数据采集与维护维修信息的关联录入,实现人防现场设备设施在运维模型中快速检索、定位、维修策略制定。

5 能耗管理:宜应用运维模型,并结合能源计量系统及运行数据,实现按区域或管理标段查看能耗数据,在模型上定位高耗能位置和原因,并提出针对性的能效管理方案。

6 监测管理:宜应用运维模型结合物联感知设备对人防工程内人防设施的实时监测、分析预警与决策支持,实现人防设备设施的运行管理分析、故障分析、寿命趋势分析。

10.2.3 交付的运维模型应采用统一的编码体系,实现模型及信息在资产全生命期有效传递及交换。运维模型宜根据运维管理需求,分配模型信息增、删、改等相应管理权限。

10.2.4、10.2.5 考虑到 BIM 设计软件版本的不可逆性,人防 BIM 运维阶段的交付格式及版本要求,应在项目策划阶段征询相关接收单位的要求,以免交付时不能满足接收、审核、存储要求。具体保密要求根据项目类型在项目策划实施阶段由人防行业主管部门确定。

11 平战功能转换实施阶段应用

11.1 一般规定

11.1.2 人防 BIM 运维阶段及平战功能转换实施阶段所需模型，宜基于竣工模型创建，应根据人防工程完整功能要求修改或增加平战功能转换及战时功能相关元素的几何或属性信息，具体信息要求详见本标准附录 B 及附录 C 要求。平战功能转换实施阶段的模型应完整体现人防工程应对战争时的状态。

11.1.4 人防 BIM 平战功能转换管理系统属于本市人防 BIM 管理系统的组成部分，但也要考虑实际项目管理需要可以独立运行。

11.2 BIM 应用及成果要求

11.2.5 提交人防 BIM 平战功能转换管理系统时，应提供相关说明及使用文档，便于使用者检索、查找及使用。

附录 C 人防 BIM 模型元素精细度等级

1 表 C.2 中建筑专业竣工信息可根据现有技术水平进行存储,对后续阶段需要做数据分析传输的信息以信息参数的形式存储于 BIM 模型中。

2 表 C.4 中结构专业竣工信息可根据现有技术水平进行存储,对后续阶段需要做数据分析传输的信息以信息参数的形式存储于 BIM 模型中。如:各类技术文件可采用复印件或影印件的通用电子文档格式存储在 BIM 模型中。

3 表 C.6 中暖通专业竣工信息、设备管理信息可根据现有技术水平进行存储,对后续阶段需要做数据分析传输的信息以信息参数的形式存储于 BIM 模型中。如:各类技术文件可采用复印件或影印件的通用电子文档格式存储在 BIM 模型中。

4 表 C.8 中给排水专业竣工信息、设备管理信息可根据现有技术水平进行存储,对后续阶段需要做数据分析传输的信息以信息参数的形式存储于 BIM 模型中。如:各类技术文件可采用复印件或影印件的通用电子文档格式存储在 BIM 模型中。

5 表 C.10 中电气专业竣工信息、设备管理信息可根据现有技术水平进行存储,对后续阶段需要做数据分析传输的信息以信息参数的形式存储于 BIM 模型中。如:各类技术文件可采用复印件或影印件的通用电子文档格式存储在 BIM 模型中。